计 算 机 科 学 丛 书

信息物理系统
强化学习

网络安全示例

[美] 李崇（**Chong Li**） 邱美康（**Meikang Qiu**）著

卢苗苗 计湘婷 何源 席瑞 金梦 译

Reinforcement Learning for Cyber-Physical Systems
with Cybersecurity Case Studies

机械工业出版社
China Machine Press

U0370026

图书在版编目（CIP）数据

信息物理系统强化学习：网络安全示例 /（美）李崇（Chong Li），（美）邱美康（Meikang Qiu）著；卢苗苗等译 . -- 北京：机械工业出版社，2021.3
（计算机科学丛书）
书名原文：Reinforcement Learning for Cyber-Physical Systems: with Cybersecurity Case Studies
ISBN 978-7-111-67647-8

I. ① 信⋯　 II. ① 李⋯　② 邱⋯　③ 卢⋯　 III. ① 控制系统　② 计算机网络 - 网络安全
IV. ① TP271 ② TP393.08

中国版本图书馆 CIP 数据核字（2021）第 036542 号

本书版权登记号：图字　01-2020-2398

Reinforcement Learning for Cyber-Physical Systems: with Cybersecurity Case Studies
by Chong Li, Meikang Qiu (ISBN 9781138543539)

Copyright © 2019 by Taylor & Francis Group, LLC

本书通过系统介绍强化学习领域的基础与算法，在强化学习与信息物理系统两个领域之间建立起联系，每一部分都列举了一个或几个最新的信息物理系统示例，以帮助读者直观地理解强化学习技术的实用性。本书分为三个部分。第一部分对强化学习、信息物理系统和网络安全进行了概要介绍。第二部分正式介绍强化学习的框架，并对强化学习问题进行定义，给出了两类解决方法—基于模型的解决方案和无模型的解决方案。第三部分通过回顾现有的网络安全技术并描述新兴的网络威胁，将注意力转移到网络安全，之后给出了两个案例研究。

出版发行：机械工业出版社（北京市西城区百万庄大街 22 号　邮政编码：100037）
责任编辑：王春华　冯秀泳　　　　　　　　责任校对：殷　虹
印　　刷：中国电影出版社印刷厂　　　　　版　　次：2021 年 3 月第 1 版第 1 次印刷
开　　本：185mm×260mm　1/16　　　　印　　张：11.5
书　　号：ISBN 978-7-111-67647-8　　　　定　　价：79.00 元

客服电话：(010) 88361066　88379833　68326294　　　投稿热线：(010) 88379604
华章网站：www.hzbook.com　　　　　　　　　　　　读者信箱：hzjsj@hzbook.com

文艺复兴以来，源远流长的科学精神和逐步形成的学术规范，使西方国家在自然科学的各个领域取得了垄断性的优势；也正是这样的优势，使美国在信息技术发展的六十多年间名家辈出、独领风骚。在商业化的进程中，美国的产业界与教育界越来越紧密地结合，计算机学科中的许多泰山北斗同时身处科研和教学的最前线，由此而产生的经典科学著作，不仅擘画了研究的范畴，还揭示了学术的源变，既遵循学术规范，又自有学者个性，其价值并不会因年月的流逝而减退。

近年，在全球信息化大潮的推动下，我国的计算机产业发展迅猛，对专业人才的需求日益迫切。这对计算机教育界和出版界都既是机遇，也是挑战；而专业教材的建设在教育战略上显得举足轻重。在我国信息技术发展时间较短的现状下，美国等发达国家在其计算机科学发展的几十年间积淀和发展的经典教材仍有许多值得借鉴之处。因此，引进一批国外优秀计算机教材将对我国计算机教育事业的发展起到积极的推动作用，也是与世界接轨、建设真正的世界一流大学的必由之路。

机械工业出版社华章公司较早意识到"出版要为教育服务"。自1998年开始，我们就将工作重点放在了遴选、移译国外优秀教材上。经过多年的不懈努力，我们与Pearson、McGraw-Hill、Elsevier、MIT、John Wiley & Sons、Cengage等世界著名出版公司建立了良好的合作关系，从它们现有的数百种教材中甄选出Andrew S. Tanenbaum、Bjarne Stroustrup、Brian W. Kernighan、Dennis Ritchie、Jim Gray、Afred V. Aho、John E. Hopcroft、Jeffrey D. Ullman、Abraham Silberschatz、William Stallings、Donald E. Knuth、John L. Hennessy、Larry L. Peterson等大师名家的一批经典作品，以"计算机科学丛书"为总称出版，供读者学习、研究及珍藏。大理石纹理的封面，也正体现了这套丛书的品位和格调。

"计算机科学丛书"的出版工作得到了国内外学者的鼎力相助，国内的专家不仅提供了中肯的选题指导，还不辞劳苦地担任了翻译和审校的工作；而原书的作者也相当关注其作品在中国的传播，有的还专门为其书的中译本作序。迄今，"计算机科学丛书"已经出版了近500个品种，这些书籍在读者中树立了良好的口碑，并被许多高校采用为正式教材和参考书籍。其影印版"经典原版书库"作为姊妹篇也被越来越多实施双语教学的学校所采用。

权威的作者、经典的教材、一流的译者、严格的审校、精细的编辑，这些因素使我们的图书有了质量的保证。随着计算机科学与技术专业学科建设的不断完善和教材改革的逐渐深化，教育界对国外计算机教材的需求和应用都将步入一个新的阶段，我们的目标是尽善尽美，而反馈的意见正是我们达到这一终极目标的重要帮助。华章公司欢迎老师和读者对我们的工作提出建议或给予指正，我们的联系方法如下：

华章网站：www.hzbook.com
电子邮件：hzjsj@hzbook.com
联系电话：（010）88379604
联系地址：北京市西城区百万庄南街1号
邮政编码：100037

华章科技图书出版中心

译者序

Reinforcement Learning for Cyber-Physical Systems: with Cybersecurity Case Studies

起源于 20 世纪 50 年代的人工智能,在近十年的时间内取得了突破性发展并获得了前所未有的关注度。机器学习、神经网络等人工智能细分领域不断打破人们的认知,也给我们的生活带来了巨大改变。

受行为心理学的影响,强化学习作为机器学习的主要分支之一应运而生。强化学习是指智能体以"试错"的方式进行学习,通过与环境交互而获得的奖励来进一步指导行为,从而使智能体获得最大的奖励。强化学习给社会带来的改变是不可估量的,因此,强化学习成为一个热门的研究领域。

本书受近期强化学习和信息物理系统发展的影响,围绕强化学习及其在信息物理系统中的应用进行论述。本书分为三部分:第一部分对强化学习、信息物理系统和网络安全进行了介绍;第二部分主要介绍了强化学习在信息物理系统方面的应用,对强化学习问题、基于模型的强化学习、无模型强化学习和深度神经网络等进行分析;第三部分为案例研究,介绍了当前网络安全所面临的挑战,然后探讨了强化学习在网络安全保护中的应用。

本书中文版付梓之际,原著作者李崇博士、邱美康博士对诸多内容提出了恳切建议,在此表示由衷感谢。方森彪完成了全书的审校工作。王硕、梁晶晶和徐粲对本书的翻译亦有贡献。希望本书中文版的出版能够为诸多业内人士提供有效指导,也期待着见证强化学习领域的长足发展。

人工智能（Artificial Intelligence，AI）这一学科始创于1956年，经历了几次突飞猛进的发展，但每次都伴随着漫长的寒冬，也就是AI寒冬——其原因是计算能力的限制、硬件技术成本的提高、科研经费的缺乏等。而包括无线技术、信息技术和集成电路（IC）在内的其他技术，在此时期已经有了显著的进步并成为主流。从2010年开始，先进的计算技术、取自人们日常活动的大数据，以及机器学习、神经网络等人工智能研究子领域的整合，使社会风尚的主流转向人工智能研究及其广泛的应用。例如，谷歌DeepMind最近推出的人工智能围棋玩家AlphaGo Zero，可以在零人工输入的情况下实现超人类水平的性能。也就是说，这台机器可以从不了解任何围棋知识开始，通过与自己玩游戏成为自己的老师。AlphaGo的突破性成功表明，人工智能可以从一个"新生的婴儿"开始，学会自己成长，最终表现出超人类水平的性能，帮助我们解决现在和未来面临的最具挑战性的任务。

本书的灵感来自强化学习（RL）与信息物理系统（CPS）领域近期的发展。强化学习植根于行为心理学，是机器学习的主要分支。与监督学习和无监督学习这样的机器学习算法不同，强化学习的主要特征是其独一无二的学习范式——试错法。通过与深度神经网络结合，深度强化学习变得十分强大，使得AI智能体能够以超人类的水平自动管理许多复杂的系统。此外，人们期望CPS能够在不久的将来给我们的社会带来颠覆性改变，例如新兴智能建筑、智能交通和电网。然而，CPS领域传统的人工编程控制器，既不能处理日益复杂的系统，也不能自动适应它以前从未遇到过的新情况。如何应用现有的深度强化学习算法或开发新的强化学习算法以实现实时适应性CPS？此问题仍然悬而未决。本书通过系统介绍强化学习领域的基础与算法，在两个领域之间建立起联系，并在每一部分列举了一个或几个最新的CPS示例，以帮助读者直观地理解强化学习技术的实用性。我们相信，书中大量关于强化学习算法的CPS示例会对所有正在使用或将使用强化学习工具解决现实世界问题的人非常有益。

本书系统介绍强化学习和深度强化学习的关键思想和算法，并全面介绍CPS和网络安全。我们的目标是使所展示的内容易于机器学习、CPS或其他相关学科的读者理解。因此，本书不是一本严格意义上的专注于强化学习和CPS理论的书籍。此外，本书并不是对现有的可用强化学习算法的最新总结（因为文献数量庞大且发展迅速）。只有少数典型的强化学习算法被收录在本书中用于教学。

本书第一部分对强化学习、CPS和网络安全进行概要介绍。第1章介绍强化学习的概念和发展历史。第 2 章介绍 CPS 和网络安全的概念和框架。第二部分正式介绍强化学习的框架，并对强化学习问题进行定义，给出了两类解决方案：基于模型的解决方案和无模型的解决方案。为了使本书各部分内容独立，以便读者不必事先了解强化学习就可以很容易地理解每一个知识点，我们在本书中采用 Sutton 和 Barto（1998）的经典强化学习书籍中的一些资料，而不是在书中提供索引让读者到他们的书中查看相关的算法和讨论。最后，我们用一章的篇幅介绍近年来发展极为迅速的新兴研究领域——深度强化学习。第三部分通过回顾现有的网络安全技术并描述新兴的网络威胁，将注意力转移到网络安全，其中这些新兴的网络攻击不是传统的网络管理方法能直接解决的。之后给出了两个案例研究，它们是基于（深度）强化学习解决这些新兴网络安全问题的典型案例。这两个案例基于哥伦比亚大学研究生的研究成果。这一部分旨在说明如何应用强化学习知识来描述和解决与 CPS 相关的问题。

本书适用于科学与工程领域的研究生或大三 / 大四本科生，这些领域包括计算机科学 / 工程、电气工程、机械工程、应用数学、经济学等。目标读者还包括与强化学习、CPS 以及网络安全等领域相关的研究人员和工程师。读者所需的唯一背景知识是微积分和概率论的基础知识。

从某种意义上说，我们已经花了相当长的时间来为本书做准备。在过去的一年里，我们从哥伦比亚大学研究生和同事的反馈中受益匪浅。他们中的许多人对本书做出了重大贡献。在此特别鸣谢：Tashrif Billah（第 1 章），邱龙飞、曾毅、刘小洋（第 2 章），Andrew Atkinson Stirn（第 3 章），Tingyu Mao（第 4 章），张灵钰（第 5 章），颜祯佑（第 6 章），邱龙飞、刘小洋（第 7 章），Mehmet Necip Kurt、Oyetunji Enoch Ogundijo（第 8 章参考了他们的研究成果），胡晓天、胡洋（第 9 章参考了他们的研究成果）。我们还感谢 Urs Niesen、Jon Krohn、张鹏、王振东和刘跃明对书稿的仔细审查和提出的建设性反馈。王振东和张磊贡献了本书第 3、4、5 章的练习。本书中的一些练习和示例是从一些（在线）大学课程中获取的，或由这些课程中的一些练习和示例修改而来，这些课程包括斯坦福大学的课程 CS221 和 CS234、伯克利大学的课程 CS294-129、卡内基 - 梅隆大学的课程 10-701、伦敦大学学院的课程 GI13/4C60、犹他大学的课程 CS6300 和华盛顿大学的课程 CSE573。

最后，李崇博士非常感谢他的博士导师 Nicola Elia。Elia 教授对科学研究的严谨态度和方法，特别是他在最优反馈控制和信息理论方面令人印象深刻的见解，极大地影响了本书的写作方式。事实上，最优反馈控制一直被视为强化学习历史上的两条主要线索之一。而另一条线索来自动物学习心理学。本书是对反馈控制理论和反馈信息理论的长期思考和深入研究的直接成果。邱美康教授感谢他的研究小组成员盖珂珂教授和邱龙飞先生在将强化学习应用于网络安全方面的研究洞察力和奉献精神。我们相信由人工智能引领的新兴领域将从根本上改变世界、人类和整个宇宙。

李崇（Chong Li）是 Nakamoto & Turing Labs 公司联合创始人，标准链项目首席架构师和研发主管。他还是哥伦比亚大学的助理教授。李博士曾担任高通公司研发部研发主管。他在哈尔滨工业大学获得电子工程和信息科学学士学位，在艾奥瓦州立大学获得电气和计算机工程博士学位。李博士是 IEEE 高级会员。

李博士的研究领域包括信息理论、机器学习、区块链、网络控制和通信、编码理论、5G 技术的物理 /MAC 设计等。李博士在众多顶级期刊上发表了许多技术论文，这些期刊包括 *Proceedings of the IEEE*、*IEEE Transactions on Information Theory*、*IEEE Communications Magazine* 和 *Automatica* 等。他曾担任多个国际会议的会议主席和技术项目委员会委员。他还担任过许多著名期刊和国际会议的评审员，这些期刊和会议包括 *IEEE Transactions on Information Theory*、*IEEE Transactions on Wireless Communication*、ISIT、CDC、ICC、WCNC、Globecom 等，他拥有 200 多项国际和美国专利（包括已经授予的和正在申请的），并获得了多项学术奖项，包括联发科技吴大猷学者奖、罗森菲尔德国际奖学金和艾奥瓦州研究优秀奖。在高通公司，李博士为 LTE-D、LTE 控制的 WiFi 和 5G 等几项新兴关键技术的系统设计和标准化做出了重大贡献。在哥伦比亚大学，他一直在讲授研究生的课程，如强化学习、区块链技术和凸优化，并积极开展相关领域的研究。最近，李博士一直在推动基于区块链的地理分布共享计算的研发，并管理标准链项目的专利相关业务。

邱美康（Meikang Qiu）在上海交通大学获得学士和硕士学位，在得克萨斯大学达拉斯分校获得计算机科学博士学位。目前，他在哥伦比亚大学任教。他是 IEEE 高级会员和 ACM 杰出会员，IEEE 智能计算技术委员会主席。其研究领域包括网络安全、大数据分析、云计算、智能计算、智能数据、嵌入式系统等。他有许多研究成果，其中大部分已经通过高质量的期刊和会议论文向研究界发表。他撰写了 5 本书、500 多篇同行评审期刊文章和会议论文（包括 200 多篇期刊文章、200 多篇会议论文、80 多篇 *IEEE/ACM Transactions* 论文）。他发表在国际顶级期刊 *IEEE Transactions on Computers* 上的涉及智能手机隐私保护的论文，被选为 2017 年到 2019 年的高引用论文。他在 *Journal of Computer and System Science*（Elsevier）上发表的有关嵌入式系统安全的论文在 2016 年和 2017 年都被公认为高引用论文。他在 *IEEE Transactions on Computers* 上发表的关于混合存储器数据分配的论文被选为 2017 年的热门论文（居于全球论文引用最高的前千分之一的论文）。他的关于远程健康系统的论文获得了 *IEEE System Journal* 2018 年度最佳论文奖。他还获得了 *ACM*

Transactions on Design Automation of Electrical Systems（TODAES）2011 年度最佳论文奖。近年来，他又获得了十多项会议最佳论文奖。目前，他是十多种国际期刊的副主编，这些期刊包括 *IEEE Transactions on Computers* 和 *IEEE Transactions on Cloud Computing*。他曾担任 *IEEE Transactions on Dependable and Secure Computing*（TDSC）的一期关于社交网络安全的特刊的首席客座编辑。他是十几个 IEEE/ACM 国际会议（例如 IEEE TrustCom、IEEE BigDataSecurity、IEEE CSCloud 和 IEEE HPCC）的总主席 / 项目主席。邱博士于 2012 年获得美国海军暑期研究奖，2009 年获得美国空军暑期研究奖。他的研究得到了美国国家科学基金会、美国国家安全局、美国空军、美国海军等政府部门以及通用电气、诺基亚、TCL 和 Cavium 等公司的支持。

第一部分

Reinforcement Learning for Cyber-Physical Systems: with Cybersecurity Case Studies

介　绍

Reinforcement Learning for Cyber-Physical Systems: with Cybersecurity Case Studies

强化学习概述

假以时日，我们可以研发出能在世界范围内以人类水平运作的人工智能。

——Richard S. Sutton，加拿大阿尔伯塔大学

强化学习（reinforcement learning）是指通过互动和经验进行学习。这种自然的学习过程在生物群体中十分普遍。动物通过与周围环境的互动来学习行动、行走甚至狩猎。这种行为心理学激发了计算机科学领域当中一个非常富有前景的研究领域——强化学习。本章首先介绍强化学习所涉及的领域，然后介绍两个普遍的强化学习示例，最后阐述强化学习算法的发展。

1.1 强化学习综述

1.1.1 引言

强化一词使我们想起某种激励（奖励）或抑制（惩罚）的方法。激励是要给予为了实现最终目标而付出的努力，抑制则相反。在一个孩子成长的过程中，他会通过从周围环境获得的反馈来发展个性。如果他做得很好，例如在考试中取得好成绩，就会得到夸奖，这种夸奖会激励他继续取得成功。如果这个孩子总是在课堂上开小差乱说话，他会受到某种惩罚，这会抑制他之后重复该行为的积极性。因此，孩子可以通过自己的活动、奖励和惩罚来学习正确的做法。也就是说，他的个性会通过"强化"得到发展。

在人工智能领域，"强化"也非常有意义。假设一个智能体（agent）想要实现目标，例如，机器人在不被炸毁的情况下穿越雷区，股票自动调整价格以实现最佳利润，当然还有自动驾驶汽车。智能体会因采取好的举动而获得奖励，因采取不利举动而受到惩罚。通过犯错误，这种自主智能体能够学会在特定场景中做出抉择，以帮助它实现目标。这就是为什么其被称为智能体的强化学习。

强化学习是智能体从其自身经验中学习的过程。这类智能体具有一些状态、行动和奖励，每个智能体都具有一个初始状态和目标。通过从错误中学习，在特定的状态下，智能体可以采取最优的行动，将其引导至最终目标。如图 1-1 所示，我们用图形的方式表示了强化学习的主要元素，并展示了它们之间的关系。

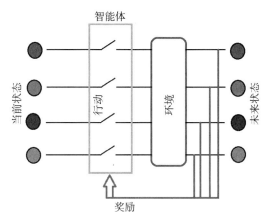

图 1-1　使用电路组件（节点、开关和反馈）的强化学习设置图示

1）状态（state）：状态是指空间的特定条件，强化学习智能体在此空间得到训练。它可以是棋盘游戏中的方框、视频序列的图像帧或者股票市场中的股票价格。在本书中，用 s 表示当前状态，用 s' 表示下一个状态。

2）行动（action）：给定状态 s，强化学习智能体需要学习所要采取的行动 a。根据采取的行动，当前状态会转移到下一个状态 s'。经过充分学习，智能体可以在特定状态下采取最佳行动。以棋盘游戏为例，行动可以是在上 / 下或右 / 左连续框中的移动。

3）奖励（reward）：奖励是将强化学习问题与机器学习问题区分开的主要因素。这一概念使得智能体在没有监督的情况下就可以自己学习。每种状态转移都与奖励相关，究竟是正向的奖励还是负向的奖励取决于行动的效能和问题的本质。在本书中，用 $r(s, a, s')$ 表示采取行动 a 之后从状态 s 转移到 s' 而产生的奖励。这种奖励可以是销售产品时获得的收入，也可以是未能售出一定数量产品时所支付的仓储费。

4）环境（environment）：强化学习问题可以是基于模型的，也可以是无模型的。如果它是基于模型的，则我们知道状态和奖励的转移概率 $p(s', r \mid s, a)$。如果这种转移概率是未知的，则称其为无模型强化学习问题。环境则由状态、转移概率和可能影响转移的因素组成。

5）策略（policy）：策略指的是智能体的行为，是从状态到行动的映射。强化学习的目标是学习一种策略，例如，在给定状态 s 的情况下，我们希望采取能够使我们达到最终目标的最佳行动 a。策略可以是随机的，也可以是确定的。对于随机策略，$\pi(a \mid s)$ 表示在状态 s 下采取某种行动 a 的概率。然而，对于贪心策略这类的确定性策略（例如 $\pi(s)$），在特定状态下，智能体会采取确定的行动。学习针对基于模型和无模型强化学习问题的最佳策略（$\pi^*(s)$ 或 $\pi^*(a \mid s)$）的算法多种多样。例如，在强化学习环境中，一些众所周知的能够寻找最佳策略的方法包括策略迭代（policy iteration)、动态规划（dynamic programming）、Q-learning、时序差分学习（temporal difference learning）和资格痕迹（eligibility traces）。

6）值函数（value function）：在强化学习问题中，每种状态或状态 – 行动对都与一个值函数相关联，我们把这些值函数作为输入参数以计算每个状态下应使用的策略。值函数是长期积累的奖励。强化学习中通常使用两种值函数：状态值函数（state-value function）$V(s)$ 和行动值函数（action-value function）$Q(s, a)$。$V(s)$ 被定义为智能体从该状态开始到未来所能累积的奖励总额。与之类似的是，$Q(s, a)$ 被定义为智能体从在该状态采取特定行动后到未来所能累积的奖励总额。

1.1.2　与其他机器学习方法的比较

强化学习是自我学习的代名词。强化学习智能体没有教师或监督者，但是其环境具有奖励的概念。智能体利用正向和负向奖励的功效在环境中进行自我训练，以便能够在长期内获得最大的奖励。

强化学习与传统的机器学习方法有很大的不同。前者引入了奖励的概念，而后者则没有。传统的机器学习方法包括监督学习和无监督学习。以下是对这些方法之间的关系和差异进行分析的要点。

1）监督学习（supervised learning）：监督学习需要输入和输出数据。例如，回归、分类、神经网络等。这种学习形式比无监督的学习形式更加常用。因此，如图 1-2 所示，监督学习的韦恩图圆圈面积要远大于无监督学习。

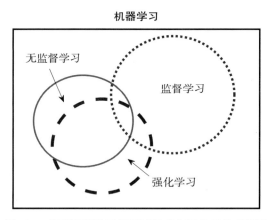

图 1-2　表述机器学习的不同形式之间关系的韦恩图

2）无监督学习（unsupervised learning）：无监督学习仅需要输入数据。相关示例包括聚类、密度估计等。它在数据挖掘和数据库知识发现（KDD）中非常有用。它通常用作监督学习中的数据预处理工具。因此，在图 1-2 中，无监督学习和监督学习存在一定的交集。

3）强化学习：强化学习需要输入数据和奖励。奖励的概念证实了预测的输出。从某种意义上说，奖励也可以被看作输出。因此，如图1-2所示，强化学习是监督学习和无监督学习的结合，后面将会对它们的交集进行阐述。

强化学习领域没有任何知识渊博的监督者。在训练阶段，智能体不会得到有关正确行动的任何线索。实际上，当问题存在相互影响时，获取理想行动的示例通常是不切实际的，因为这些行动需要既正确又能代表智能体执行行动的环境中的所有情况。在一个未知的世界里，智能体最渴望的是学习，它们必须通过自己的经验进行学习。因此，智能体通过试错法（trial-and-error）学习正确的行动。

下面的一个示例证明了图1-2所示韦恩图。假设一个监视摄像头对准得克萨斯州的加尔维斯顿海滩，这里的鲨鱼出现率非常高。如果在海岸附近发现鲨鱼，我们会对海滩上的游客发出警告，我们希望这个过程能够实现自动化。因此，我们必须通过向智能体展示一些在墨西哥蓝色港湾游泳的鲨鱼的图像，来对强化学习智能体进行训练。具体而言，我们将给出真实数据边界框，即最终状态，也就是图1-3所示的鲨鱼在视频帧中的正确定位。智能体会将整个图像视为初始边界框，然后以定位鲨鱼为目标改变该边界框。因此，在训练中，我们给出了边界框坐标的真实数据。真实数据是最小化的监督。但是，我们没有告诉智能体它应该如何改变（行动）初始边界框以检测视频帧中的鲨鱼。智能体通过查看每次改变（即放大/缩小、向左/向右移动等）所获得的奖励来学习改变的策略。因此，这也是一种无监督算法。总之，由于智能体接受了名义上的监督，因此在图1-2中，强化学习和监督学习具有一定的交集。例如，如图1-3所示，在进行训练时，我们需要将真实数据边界框提供给强化学习智能体，即该智能体接受名义上的监督。另外，智能体利用奖励机制自主确定边界框的变形——移位、放大/缩小等。因此，智能体以无监督的方式学习边界框变形。基于以上讨论，图1-2清楚地展示出，为什么强化学习与无监督学习的交集比与监督学习的交集更大。

　　　　a）初始边界框

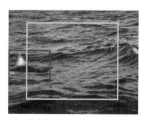
　b）缩小初始边界框进行定位

图1-3　使用强化学习算法对鲨鱼进行定位（高层次描述），浅灰色是智能体，深灰色是真
　　　　实值（图片来源：谷歌图片）

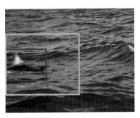 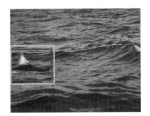

c）左移　　　　　　　　　d）左移并缩小初始边界框进行定位

图 1-3　（续）

1.1.3　强化学习示例

我们假设有一种机器人，它的目标是通过层层墙壁，从迷宫的起始位置导航到终点。这些位置被定义为强化学习问题中的状态。在图 1-4a 所示的迷宫中，存在 31 个状态（即框）。具体来说，初始状态是最左侧的浅灰色方格，而最终状态是最右侧的浅灰色方格。机器人可以在每种状态中执行四个行动，即向北（上）、向南（下）、向东（右）和向西（左）移动。机器人的目标是以最少的步数离开迷宫或到达终点。从强化学习问题的本质来看，每个行动总是有奖励的。考虑到机器人的目标是以最少的步数达到最终状态，我们为机器人做出的每一次移动分配 −1 的奖励。通过下面的解释，选择负奖励值的原因将变得显而易见。

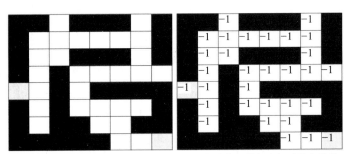

a）迷宫地图，浅灰色框表示初始状　b）为每个位置的每个行动分配奖励
　态和最终状态，白色框表示迷宫

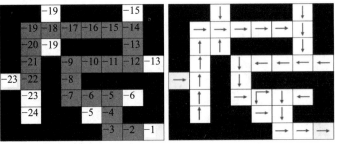

c）每个状态的最佳值，用深灰色表　d）每个位置的最佳行动（箭头）
　示最佳路径

图 1-4　使用强化学习算法求解迷宫

在上述设置下，机器人希望找到最佳策略，以便从长远来看能够获得最大的总奖励或累积奖励。我们将状态 s 的累积奖励表示为 $v(s)$，也就是机器人从状态 s 开始到达最终状态所获得的总奖励。此处的策略指的是每种状态下行动选择的策略。也就是说，机器人想要了解迷宫中每个框（或状态）下的最佳移动，从而实现以最少的步数到达出口的目的。给定相邻状态的状态值 $v(s)$，机器人应采取的最佳策略是移动到具有最高值的相邻状态，这意味着从长远来看，机器人将获得最大的总奖励。该策略被广泛地称为"贪心策略"。接下来，我们需要为每一个状态找到相邻状态的值，以便贪心策略可以应用其中。给定转移奖励"-1"，则可以推断出，如果使用贪心策略，机器人的当前状态（机器人停留的地方）与其相邻状态之间的关系如下：

$$v(s)=-1+\max_a \sum_{s'} p(s_{t+1}=s' \mid s_t=s, a_t=a)v(s') \tag{1.1}$$

其中，$p(s_{k+1}=s' \mid s_t=s, a_t=a)$ 表示当机器人在 t 时刻停留在 s 状态并采取行动 a 时，在 $t+1$ 时刻访问其相邻状态 s' 的概率。该方程被称为"贝尔曼最优方程"（Bellman optimality equation），后面的章节将对此进行介绍。请注意，在这个迷宫游戏中，对于给定的行动，这种状态转移概率始终等于 1 或 0。这意味着可以简化掉对状态 s' 的求和。基于此，式（1.1）等价于下式：

$$v(s)=-1+\max\{v(s'=北框),v(s'=南框) \\ v(s'=东框),v(s'=西框)\} \tag{1.2}$$

其中，$v(s'=北框)$ 代表 s' 的状态值，北框代表 s' 是从状态 s 向北移动一步的状态。强化学习算法的关键是求解所有状态的上述方程。在此示例中，总共有 31 个状态，这意味着我们需要求解由 31 个上述方程组成的方程组。但是，式（1.2）中的最大值算子说明这是一个非线性方程组，无论是用解析法还是用数值法求解都是非平凡的。实际上，所有的强化学习算法都可以用来解决此类非线性方程组。在此例中，图 1-4c 展示了 $v(s)$ 的值。例如，使用贪心策略对上述初始状态的方程最优解进行验证，结果为

$$-23=-1+p(s_{t+1}=东框 \mid s_t=初始状态, a_t=向东移动)\times(-22)$$

其中，概率等于 1。总之，最佳策略如图 1-4d 所示，在每个位置，机器人都朝着四个相邻状态中值最高的状态移动。

1.1.4　强化学习应用

强化学习为许多领域的自动化开辟了道路，包括工业机器人、自动驾驶汽车、股票市场交易、电力行业的停电保护，当然还有像 AlphaGo 这样的游戏智能体。下

面重点介绍上述领域的一些用例。

1）工业机器人：在制造业中，经常使用强化学习算法对机器人进行训练。例如，当必须沿着曲线切割板材时[102]，使用 Q-learning 算法训练机器人，就可以做到沿曲线导航以切割金属板。亚马逊还开始使用工业机器人进行库存管理。

2）自动驾驶汽车：自动驾驶工程社区对自动驾驶汽车进行了很多研究。汽车可以识别车道线，根据周围的车辆调节车速，变换车道，最重要的是在正确的信号处停车。当自动驾驶汽车使用计算机视觉算法进行识别和检测时，强化学习算法被用于调节其遥测和轨迹。例如，双深度 Q-learning（double deep Q-learning）算法已在文献 [205] 中用于控制模拟汽车。

3）股票市场交易：高盛、摩根大通和摩根士丹利等金融巨头使用深度强化学习算法来调节股价。一个典型的问题是什么时候在市场上出售股票才能使利益相关者获得的利润最大化。对于这个现实生活中的挑战，强化学习算法可以实时计算要竞价的正确价格，以及要出售的股票的最佳数量，以便在给定的时间范围内实现最佳利润。例如，在文献 [117] 中已经使用了结合了流行的 Q-learning 算法和动态规划的方法来解决上述问题。

4）电力行业的（大规模）停电保护：（大规模）停电是指连接电网中的所有发电机在同一时间段内停止运作。这通常是由电力需求突然达到峰值而造成的一系列事件引发的。为了使发电机在电力系统中能够正常启动和运行，必须保证旋转备用（spin-reserve）。但是，如果同时从全国各地的不同配电中心抽出大量电力，则无法保证足够的旋转备用。最终，发电机一个接一个地停机，导致电网中没有剩余电力。这种停电情况是灾难性的，因为它会导致蜂窝通信、互联网连接以及暖气或空调这些基本的需求设施发生电源故障。美国东北地区发生了一次这种类型的停电，5500万人受到影响。而现在，我们可以利用一个强化学习智能体来负责监视数百万个配电点，适当调节电力消耗，防止停电。文献 [49] 很好地总结了最近在使用强化学习解决电力系统决策和控制问题方面的研究。

5）游戏：谷歌 DeepMind 创造了一款智能计算机，它在 2015 年的围棋比赛中击败了专业的人类选手。该计算机接受了强化学习算法的训练，因此经过足够的训练后，它能达到人类的水平。最近，当由强化学习算法训练的智能计算机能够在游戏中击败人类时，强化学习领域也受到了人们的大量关注。2016 年 3 月，AlphaGo 在五场比赛后以 4：1 的总比分击败了职业围棋选手李世石，文献 [150] 详细介绍了智能计算机 AlphaGo 所使用的方法。

6）计算机视觉：随着深度神经网络的发展和演进，给定一张母牛、汽车或婴儿的图像，神经网络就可以正确识别对象。然而，对象的实时检测这一问题尚未得到充分解决。以图 1-3 中介绍的鲨鱼定位问题为例，图中展示了一种深度强化学习算法来给出近似最佳的边界框变形，例如，对于每个给定区域，通过收缩、扩展、向右 / 向左移动以达到用最少的步骤定位对象的效果 [22]。

7）自然语言处理：自然语言处理是指理解语音中单词、解析文本以生成摘要或回答人类提出的问题。如今，当我们致电任何服务的客服中心时，它们允许我们用几句话说出为什么向它们致电。它们的自动化系统能够与致电者进行智能交互并满足其需求。深度学习和强化学习算法广泛应用于此类语音识别。文献 [204] 很好地阐述了一种强化学习系统的发展，这种系统使用从对话中获得的最大似然单词预测以及从文本中获得的非重复性摘要来进行训练。 13

1.2　强化学习的发展历史

强化学习的出现可以追溯到 19 世纪 50 年代，当时 Alexander Bain 通过实验解释了学习的原理。这也可能与心理医生 Conway Morgan 在 1894 年使用强化一词来描述动物的行为有关。1957 年，贝尔曼提出了随机动态规划，以寻找马尔可夫决策过程（MDP）的最佳解决方案。如今，深度学习算法已经用于解决复杂的强化学习问题。其中一个完美的例子是谷歌 DeepMind 研发的深度 Q-learning 算法通过 AlphaGo 击败了专业的人类选手。下文将详细介绍强化学习的发展历程。

1.2.1　传统的强化学习

如前所述，强化学习是指从互动和经验中学习。也就是说，这种学习是通过试错来进行的。心理学家 Edward Thorndike 首次正式提出了试错学习的主题，也就是造成好结果或者坏结果的行动会被重复或者更改 [50]。他将其称为效果法则（law of effect），因为该种学习将强化事件的趋势与行动选择联系起来。效果法则通过比较各种方案的结果进行选择，并将选择结果与特定情况相关联。换言之，效果法则是搜索和记忆的联合，即通过尝试许多行动的形式进行搜索，并记忆哪些行动最有效。搜索和记忆的结合是强化学习的基本要素。在现代强化学习中，这两个术语已被探索（exploration）和利用（exploitation）所取代。在强化学习的早期阶段，一些研究人员将试错法作为一种工程原理进行研究。Minsky 的博士学位论文 [107] 就是其中之一，他在论文中讨论了强化学习的计算模型，并描述了被他称为 SNARC（Stochastic Neural-Analog Reinforcement Calculator，随机神经模拟强化计算器）的组件所组成的模拟机的构造。Minsky 在 1961 年的论文 [106] 中讨论了与强化学习有关的几个问题，例如，如何在众多影响信用的决策中为成功的决策分配信用。此外，在同一时间，Farley 和 Clark 介绍了另一台通过试错法学习的神经网络学习机。20 世纪 60 年 14

代，工程文献 [172] 中首次使用了强化学习这一术语。

1961 年，Donald Michie[103] 介绍了一种基于试错法的系统，用于学习如何玩一种名为 MENACE（Matchbox Educable Naughts and Crosses Engine）的井字游戏（tic-tac-toe）。多年以后，Donald Michie 和 Roger A. Chambers 介绍了另一个名为 GLEE（Game Learning Expectimaxing Engine）的井字游戏智能体和一个名为 BOXES 的强化学习控制器[105]。他们将 BOXES 应用于学习如何平衡铰接在可移动推车上的杆子。Michie 和 Chambers 的杆平衡学习任务是在缺乏知识的情况下，早期从事强化学习的任务当中最好的范例之一，对后来的强化学习研究产生了很大的影响。Michie 一直强调试错法和学习作为人工智能的基本方面所起的作用[104]。文献 [181] 提出了一种可以从成功和失败的信号中学习的强化学习规则，无须从带有训练集的监督学习中学习。这种学习形式称为批判性学习（learning with a critic），而不是向老师学习（learning with a teacher）。该种方法被用于分析如何玩梅花杰克（blackjack，又名二十一点）。

从另一个角度来看，强化学习问题是从数学角度用状态、行动、转移概率、奖励和值函数的概念来表述的。在概率公式的基础上，找到最佳行动是目标。通过求解概率方程进行最优控制的方法称为随机动态规划。1957 年，贝尔曼首次提出了求解连续和离散状态空间的随机动态规划方程的方法，该问题后称为马尔可夫决策过程（MDP）。随后，Ronald Howard 于 1960 年提出了一种解决 MDP 的策略迭代方法。上述的数学公式也都是当代强化学习算法的关键。然而，随着状态数量的增加，求解动态规划方程的计算复杂程度急速增长。但是，这仍然是目前广泛应用的解决 MDP 的方法。动态规划的另一个缺点是，它只能后向学习，使得它很难在实时过程中进行前向学习。为了解决这个问题，Dimitri Bertsekas 和 John Tsitsiklis 于 1996 年提出将动态规划和神经网络融合在一起，形成基于神经网络的动态规划。他们的研究为理解前向学习过程铺平了道路。此外，为了解决上述维数过多的问题，人们提出了近似动态规划，显著降低了问题的复杂性。Warren Powell 在其所著的书 *Approximate Dynamic Programming*（2007）中讨论了一系列智能方法。

早期强化学习的另一个研究领域是时间差分学习（temporal-difference learning）。这一类方法依赖于相邻时序下状态估计值之间的差异。时间差分可以被视为一种附加的强化智能体，该智能体能够对主强化智能体的行动产生积极的影响。最早的关于时间差分学习的研究是文献 [185]。此项研究基于对当前状态节点到下一状态的转移取样，来更新当前状态节点的估值，后续章节将对此进行详细讨论。Sutton 和 Barto 在 2012 年所著的书中将这种方法称为表格式时序差分 (0)（tabular TD(0)），将其用作解决 MDP 问题的自适应控制器。此外，Sutton 和 Barto 在时间差分学习方面还做了一些有影响的研究。Sutton 在文献 [157] 中建立了时间差分学习和动物的学习行为之间的联系，强调了由时间连续预测所产生的变化所驱动的学习规则。Sutton 和 Barto 对这些观点进行了完善，并基于时间差分 [158, 14] 研发了一种用于经典条件反射（classical conditioning）的心理学模型。在书中，他们研发了一种在试错法学习中使用时间差分学习的方法（称为 actor-critic 架构），并将此方法应用于前面所述的 Michie 和 Chambers 所研究的杆平衡问题。Sutton 在其博士论文（1984）中对此方法进行了研究。这种方法还在 Anderson 的博士论文（1986）中所研究的反向传播神经网络中得到了扩展。Chris Watkins 提出的 Q-learning（1989）作为最后的改进，将时间差分方法与最优控制相结合来求解 MDP。他们所著书籍中的介绍性章节对时间差分学习方法的发展以及他们对方法的贡献做了充分介绍。

16

1.2.2　深度强化学习

正如后续章节将会讨论的，传统的强化学习方法总是受到维度的限制，导致它们只能解决一些低维的问题。然而，近年来兴起的深度强化学习算法使得解决高维复杂问题成为可能。顾名思义，深度（deep）指的是端到端训练过程中有多个层次。深度强化学习可以看作是深度神经网络和强化学习的结合。也就是说，通过深度神经网络的函数近似和表征学习特性，在强化学习中使用深度学习算法。例如，我们要设计一个机器人，该机器人可以将鸟从玉米田中赶走，并向该地的工人发出警告。在输入端，视频被输入机器人的学习算法中。首先，包含高维像素的每一帧视频要经过神经网络中的多层操作，来提取视频帧中的低维关键特征。基于此，机器人接下来利用强化学习来决定是接近干预该物体还是远离该物体。正如我们所看到的，这种涉及高维数据的端到端学习给计算带来了极大的复杂性，这些都可以使用深度学习来解决。一份关于深度强化学习的调查 [6] 涵盖了深度强化学习的多种算法，包括 DQN（Deep Q-Network）、置信域策略优化（trust region policy optimization）和异步优势 actor-critic 算法（asynchronous advantage actor-critic）。

近年来，深度强化学习已经得到了广泛应用。鉴于深度强化学习算法的潜在影响，IBM Watson 和谷歌等科技巨头已经建立了各自的专门研究中心，对此进行广泛研究。例如，特征工程（feature engineering）是预测建模过程中的重要步骤。它涉及特定特征空间的转换，以减少特定目标的建模误差。由于缺乏明确的基础理论来有效地运用特征工程，文献 [70] 提出了一种自动化特征工程框架，该框架使用具有函数近似的 Q-learning 算法来找到合适的特征。此外，IBM Watson 机器在自然语言处理、文本解析和基于病历检索的疾病诊断方面正在获得发展。其众多应用之一是开放域问答（QA）。在这个问题中，给定一个或一组段落，机器应该能够回答这一个或一组段落中所涉及的所有问题。

17

谷歌 DeepMind 是领先的人工智能研究中心，总部位于英国伦敦。在过去数十年中，谷歌 DeepMind 的大量研究产出对许多问题产生了积极影响。其中的一项研究是研发一个击败专业人类玩家的自动围棋玩家[150]。因其巨大的搜索空间、评估棋盘位置以及在许多可能性中预测正确行动的难度，围棋被视为人工智能领域最具挑战性的棋盘游戏之一。谷歌 DeepMind 设计的围棋游戏玩家在与其他围棋程序的竞争中，获胜率达到 99.8%，并以 5：0 的比分击败欧洲围棋冠军。这是计算机程序首次在真实围棋游戏中击败人类职业玩家。谷歌 DeepMind 的另一项此类工作是 DQN 的研发[109]，该网络已在经典的 Atari 2600 游戏中具有挑战性的领域进行了测试。该智能体接收来自 Atari 游戏的像素和游戏得分作为输入，能够超越之前所有算法的性能，并在 49 款游戏中达到与专业人类游戏测试人员相当的水平。该工作弥补了高维感官输入与行动之间的鸿沟。最近，谷歌 DeepMind 利用网格单元的计算功能（网格单元被认为提供了用于路径集成 / 导航的多尺度周期表征）来研发具有类似于哺乳动物的导航能力的深层强化学习智能体[13]。这项惊人的成就极大地支持了神经科学理论，这些理论认为网格细胞对于基于向量的导航至关重要。

总之，尽管深度强化学习取得了较大的发展，但在将其应用于各种现实问题之前，仍然有许多问题亟待解决。如今，在机器学习领域，人们正在积极地研究许多课题，整体技术发展水平日趋蓬勃。

1.3 强化学习的仿真工具

如上所述，强化学习本质上是一种计算方法，其中，智能体通过采取行动与环境进行交互，进而实现其累积奖励的最大化。因此，为了通过仿真来评估强化学习算法，我们必须创建一个环境以及智能体 – 环境接口。如果环境很复杂，那么这项工作将非常烦琐且耗时。考虑到这种情况，人们已经研发了几种强化学习工具，作为旨在测试、研发和比较强化学习算法的环境的集合。在这些工具中，最著名的工具是开源 OpenAI Gym，它旨在提供任何环境下的智能体训练，从走路到打"乒乓球"等均有涉及。例如，如图 1-5 所示，CartPole 是 OpenAI Gym 中最简单的环境之一。正如 Gym 所介绍的，"一根杆子由不受外力控制的接头连接到一个推车上，系统通过向推车施加 +1 或 −1 的力来进行控制。这根钟摆开始是直立的状态，控制的目的则是防止其跌落。这根杆子（钟摆）每保持一个单位时间的直立，系统就会提供 +1 的奖励。当杆子与垂直线的夹角超过 15 度时，或者推车从中心移出 2.4 个单位以上时，这一段过程就结束了。"Gym 提供环境状态观测和行动输入的智能体—环境界面。因此，研发人员仅需关注自己的核心业务——实现其提出的算法，而无须花费精力构建环境。此外，OpenAI Gym 支持研发人员使用现有的数值计算库（例如

TensorFlow 或 Theano）编写智能体。用于在更复杂的环境中进行（深度）强化学习的工具或测试平台包括 OpenAI Universe 和 DeepMind Lab。OpenAI Universe 是一个旨在训练遍布全球的游戏、网站和其他应用程序智能体的平台。它使我们能够通过观察屏幕像素并操作虚拟键盘和鼠标来训练单个智能体，并完成人类可以用计算机完成的任何任务。DeepMind Lab 为学习智能体提供了一组 3D 导航和解谜环境。图 1-6 展示了一个环境场景的示例。此外，DeepMind 和 Blizzard Open StarCraft II 为实时策略游戏 StarCraft II 提供了非常具有挑战性的环境，以加速其对强化学习的研究。

图 1-5 OpenAI Gym 环境截屏：CartPole

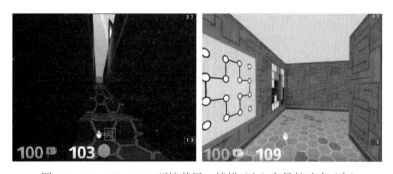

图 1-6 DeepMind Lab 环境截屏：楼梯（左）和导航迷宫（右）

1.4 本章小结

Sutton 和 Barto 于 1998 年所著的 *Reinforcement Learning: An Introduction* 对传统强化学习的发展进行了总结。本书对传统强化学习的发展所进行的回顾也是受该书的启发。此外，读者可以阅读 Bertsekas 和 Tsitsiklis（1996）所著的书，了解与强化学习问题有关的更多示例和方法。贝尔曼所著的关于动态编程（1957a）和马尔可夫决策过程（1957b）的书还介绍了用于强化学习问题的多种解决方法。深度强化学习理论在近几年发展迅速，目前还没有出现与此有关的综合性教科书或参考书。但是，读者可以在文献中轻而易举地找到介绍该领域最新成果的有价值的论文。此外，你如果对实现基本的深度强化学习算法（例如使用 Python 语言）感兴趣，可以在网上找到几本参考书，例如 Maxim Lapan 所著的 *Deep Reinforcement Learning Hands-On*（2018）。

Reinforcement Learning for Cyber-Physical Systems: with Cybersecurity Case Studies

信息物理系统和网络安全概述

信息物理系统（Cyber-Physical System，CPS）是一种由嵌入式传感器和执行器网络组成的控制系统。CPS 通常与物联网（IoT）进行比较，其主要区别在于，CPS 更加关注物理系统，比 IoT 包含更多的物理元素。CPS 的示例包括智能电网、机器人和自动驾驶汽车。最近，CPS 引起了研究人员的广泛关注，从理论到应用都不断地受到挑战。本章旨在对 CPS 进行整体介绍，以帮助读者更好地理解这种新兴的富有前景的交叉学科概念。本章首先介绍 CPS 的概念及其概况，随后介绍相关研究领域的几个示例，包括资源分配、传输和管理、能源控制以及基于模型的软件设计。最后，简要讨论 CPS 相关的网络安全问题。

2.1 引言

传统的控制系统大多是用嵌入式系统来实现的。该系统的参数由传感器检测并发送到嵌入式信号处理器。处理器对传感器数据执行例行计算，并向执行器发出命令。系统的复杂性取决于其嵌入式处理器，而嵌入式处理器则严重受到有限的电池容量和计算速度的限制。而 CPS 则利用网络来替换嵌入式系统，从而化解了这些问题。在 CPS 中，传感器数据经由无线电波发送至计算机系统或者云系统，利用这些计算机的算力，可以实时对传感器数据进行更强大的处理，从而使控制系统变得更加智能。

更确切地说，CPS 是一种通过对系统抽象和建模，并利用设计和分析技术，将物理系统连接到软件的控制系统。通常情况下，CPS 由两个主要功能元素组成：（1）高级连接性，可确保从物理世界实时获取数据以及从网络空间获取信息反馈，又称为物理过程；（2）构建网络空间的智能数据管理、分析和计算能力，也就是网络系统[82]。图 2-1 是典型 CPS 的原理图，其中左侧阴影区域和右侧阴影区域分别表示网络系统和物理过程。

当然，尽管 CPS 有许多优势，它同样也有需要克服的问题。例如，在计算机系统之间来回发送数据存在不可避免的时间延迟。据说"使用模拟方法控制大量分散的工厂已经足够困难，而使用数字系统则会让其难上加难"[186]。为了应对这些挑战，2006 年，美国国家科学基金会（NSF）大量拨款以促进相关技术的进步。从那以后，许多大学和公司都参与了这个项目。关于 CPS 历史更详细的讨论可以在文献 [81] 中找到。现如今，我们可以说 CPS 领域不再处于萌芽阶段。但是，许多具有挑战性的问题（如网络攻击检测 / 预测或安全维护）仍然存在。

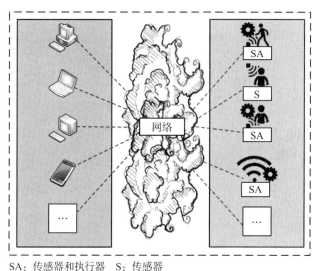

SA：传感器和执行器　S：传感器

图 2-1　CPS 原理图

CPS 与物联网密切相关。这两个概念在许多方面都很相似，但是 CPS 包含更多的物理和计算元素。它代表了从物理世界访问和连接物理世界的各种各样的网络信息技术（IT）系统。更具体地说，CPS 通过一个或多个计算和通信核心来监视、协调、控制和集成物理与工程系统的操作[132]。此外，CPS 可以视为机器或系统的大脑。也就是说，CPS 能够使设备生成报告甚至进行自我管理。这使得创建人工智能机器人甚至硅基生物成为可能。此外，CPS 正在改变我们与周围物理世界互动的方式。CPS 的应用可能甚至已经成为这个时代的 IT 革命。为了取得更高的效率，许多领域都在部署 CPS，包括创新的医疗设备和系统、辅助生活、交通控制和安全、先进的自动系统、过程控制、节能、环境控制、航空电子设备和仪器。CPS 也已被应用于关键基础设施控制（例如电力、水资源和通信系统）、分布式多机器人技术（例如远程呈现、远程医疗）、防御系统、制造业和智能建筑。如今，鉴于这些领域的发展，CPS 及其安全维护具有非常重要的意义。

在文献 [82] 中给出了一种典型的 CPS 架构——5C。如图 2-2 所示，5C 架构分为 5 层：连接层（connection level）、数据 – 信息转换层（data-to-information conversion level）、网络层（cyber level）、认知层（cognition level）、配置层（configuration level）。连接层由负责收集有关物理系统数据的传感器组成，这些传感器数据被发送到转换

23

层，从中提取有意义的信息。网络层收集并综合提取到的信息，以获得对系统总体状态的更多了解。认知层则将系统状态通过信息图形呈现给用户，并帮助做出决策，或者可自行制定决策以实现自我调节。这些决策由配置层执行。

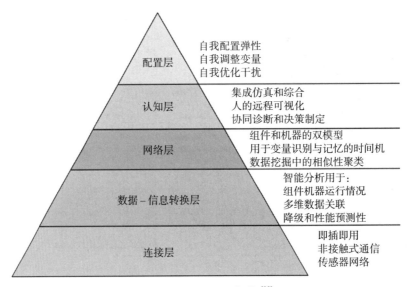

图 2-2 CPS 的 5C 架构 [82]

从这一设计中可以看到：（1）与以人为主导的传统模型相反，计算机在管理CPS 中发挥着重要作用；（2）CPS 是联网且可访问的。CPS 的这两个属性可能是新IT 时代的优势，但也可能是其劣势，使得 CPS 容易受到网络攻击 [25]。本章其他部分将介绍 CPS 各个方面的前沿研究成果，并会把重点放在网络安全问题上。

2.2 信息物理系统研究示例

自 2007 年年初以来，相当多的研究致力于理解 CPS 概念、CPS 技术的发展和CPS 在现实世界的应用。本节列出了几个 CPS 的研究课题，并回顾一些相关文献的调研结果，其中所介绍的一些更先进的技术将在不久的将来得以研发。

24

2.2.1 资源分配

资源分配是指将系统拥有的资源（例如存储空间、算力和网络带宽）分配给网络中的设备。由于资源是有限的，作为 CPS 中的一个基本要素，资源分配算法必须考虑包括成本、能效和资源可用性在内的众多约束。试图在所有这些方面实现优化经常会导致 NP-hard 组合问题，所以只能通过启发式算法来解决。下面我们将介绍一些 CPS 资源分配的典型示例。

文献 [189] 提出了一种基于 Lyapunov 优化理论（Lyapunov optimization theory）的在线算法，这是一种在基于云的信息物理系统（CCPS）中预留带宽分配的近似最佳解决方案。基于这种修改后的 CPS 模型，多个 CPS 服务可以通过中央云平台相互通信。然而，这些服务可利用的总带宽是有限的，因此，我们必须仔细分配每项服务的带宽使用情况。在该研究中，作者将带宽分配建模为队列服务问题。简单地讲，在每个时隙中，每个 CPS 服务都请求其当前需要的带宽，分配器可能会满足也可能不会满足 CPS 的请求。如果无法满足，则未完成的部分将添加到服务队列中，并将移至下一个时隙。在设计分配器时，作者考虑了稳定性和成本，使用启发式算法优化了目标函数（稳定性和成本的线性组合）。

25

文献 [87] 中提出了基于 5G 技术的工业信息物理物联网系统资源分配的另一个示例，示例中介绍了一个框架，该框架可在带宽要求较低的全双工模式下与多个中央控制器建立通信链路。在文献 [87] 中，作者将实现系统总能效最大化的非凸优化（non-convex optimization）问题分离为两个子问题：功率分配（power allocation）和信道分配（channel allocation）。人们采用了各种技术来解决这些子问题，包括 Dinkelbach 算法、匈牙利算法（Hungarian algorithm）和博弈论方法（game-theoretic method）。Dinkelbach 算法是一种求解凸分式规划（convex fractional programming）的方法 [37]。匈牙利算法是用于解决线性分配问题的多项式算法 [72]。

此外，在文献 [110] 中提出了用于最佳防御资源分配的框架，最大限度地减少在不确定网络攻击下 CPS 无法满足的需求。由于针对 CPS 的攻击大多是不可预测且不确定的，从数学的角度看，防御资源分配的优化问题是一种非线性和非凸性问题，作者则将每种资源分配方案视为一个"粒子"，应用粒子群优化（Particle Swarm Optimization，PSO）理论解决了该防御资源分配优化问题。更多详细信息请参见文献 [110]。

最后，在文献 [170] 中提出了一种有趣的启发式算法，称为最大预测误差优先（Maximum Predicted Error First，MPEF），目的是解决为控制系统网络（CPS 的基本组成部分）分配无线资源（带宽和时间）的问题。MPEF 是 Walsh 和 Ye[171] 提出的最大误差优先（Maximum Error First，MEF）启发式算法的一种变体。两种技术均源于控制系统网络中的数据包包含的信息通常比数据网络中的信息要少这一现象。因此，较大的传输错误是可以被接受的，并且我们可以权衡传输精度与性能 [171]。正如 Walsh 和 Ye 所介绍的，"发送更少的数据包，或者以牺牲其他数据包的代价发送更多重要的数据包，能够让网络具有更大的潜力。"MPEF 的工作原理是提供数据包，如果这些数据包被阻止传输，则会在系统状态评估中获得更大的误差值，从而被分配更高的优先级。这样可以最大限度地减少可预期的由网络引起的错误，以取得更好的控制效果。

一般而言，在各类文献中没有统一的框架来对各种启发式方法进行排序。但是，人们通常可以在以下维度上比较这些算法：

- 信息需求：某些启发式算法需要系统的当前状态作为连续输入，被称为在线算法或动态算法，因此其能够适应不断变化的系统环境。然而，这也意味着它们需要更多的能量来运行，无法适用于轻型系统。就这一点而言，除了 MPEF 算法外，上述介绍的大多数算法都可看成是在线算法。在文献 [170] 中，作者假设信道质量对于给定的传感器和频率而言是固定的，并且不会随时间变化。基于此假设，在低移动性应用中实现了离线运行调度程序。

- 效率和准确性：在文献 [189] 和文献 [87] 这类研究中，研究人员会通过一些特定的假设条件来计算最优解，此类算法通常具有多项式时间复杂度。但是，它们的准确度，即输出结果与实际最优解之间的误差取决于假设的强度。其他启发式算法（例如文献 [110] 中的算法）在计算全局最优解时通常是采用迭代方式，这意味着在结果收敛之前必须进行多次迭代。在这种情况下，算法必须考虑收敛速度。在文献 [149] 中，作者讨论了比较针对特定问题的不同启发式算法的实验方法，而这些算法也适用于 CPS 相关的问题。

2.2.2　数据传输与管理

所有的 CPS 系统都包含许多传感器设备，而管理这些设备所产生的数据也成了我们面临的巨大难题。具体而言，我们需要研究在 CPS 中如何传输和管理数据以避免系统中的流量阻塞。

在文献 [28] 中，作者提出了一种新颖的架构，用于减少大规模基于传感器的 CPS 系统的数据传输量。该架构不仅可以减少从传感器传回的信息量，而且可以确保后端获得其所需的信息。此外，Hao Wang 等人[176] 提出了一种动态网关带宽分配策略，提高了 CPS 中具有不同种类无线技术的设备之间的通信效率。在文献 [42] 中，作者将重发与实时调度分析相结合，解决了错误数据的重传尝试问题，避免影响 CPS 系统中其他数据包的传输时效性。

2.2.3　能源控制

能效是所有网络系统中的一个普遍课题。较低的能耗可能会导致整个系统的效率降低，因此能源优化问题通常是能耗与效率的权衡。尤其是对于大型 CPS 系统，通常无法在多项式时间内找到能源成本和效率之间的最佳解决方案，因此我们需要使用启发式算法解决大多数此类问题。

在文献 [201] 中，作者提出一种改进的磷虾群算法（Krill Herd algorithm）[47, 92]，解决了 CPS 中的能源优化问题。与粒子群优化（PSO）方法相类似，磷虾群算法也使用了大量的"粒子"。除了在设计阶段考虑最小功耗外，在运行过程中对功耗的有效管理也是降低整体能源预算的关键。因此，在文献 [71] 中，作者提出使用多种运行模式改善 CPS 能耗。其中 CPS 架构由一组传感器和执行器模块、一个通信网络以及一个计算和控制单元组成。系统中的组件具有多种操作模式，例如活跃模式、空闲模式和某些低功耗操作模式。按照他们的理论，如果某个组件在一定时间内未使用，则该组件将逐渐进入较低能耗的运行模式。一旦传感器检测到活动，所有组件都会进入活跃模式，并且系统也会响应环境变化。

2.2.4　基于模型的软件设计

毫无疑问，CPS 包含了各种各样的应用程序，这些应用程序需要一直进行相互通信，同时还需要与人和现实世界进行通信，因此 CPS 需要有足够大的硬件平台来容纳和管理这些应用程序。

目前，基于模型的软件设计方法主要包括模型驱动的开发（Model-Driven Development，MDD）（例如 UML）、模型集成计算（Model-Integrated Computing，MIC）、特定领域建模（Domain-Specific Modeling，DSM）等。图 2-3 展示了 DSM 的设计流程。

28

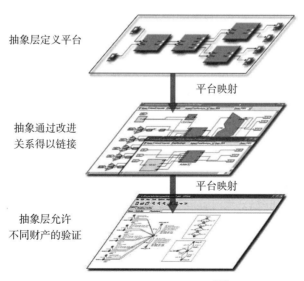

抽象层定义平台

平台映射

抽象通过改进
关系得以链接

平台映射

抽象层允许
不同财产的验证

图 2-3　DSM 设计流程概述 [161]

在文献 [100] 中，作者使用了并行编程模型提出了一种新颖的 CPS 软硬件平台。

通过添加多个面板（多个面板可以并行运行）可以很方便地扩展其性能。该平台还支持基于 OmpS 的基于任务的程序模型，并利用了高速廉价的通信接口。同时，该面板还提供了可编程逻辑（例如 FPGA）以加速应用程序的各个部分。此外，文献 [33] 中详细阐述了以一种基于模型的方法来生成可配置的软件架构，该架构称为基于云的信息物理系统（Cloud-based Cyber-Physical System，CCPS）。文献中展示了对 CPS 平台处理时间的改进，并提出了能源优化的解决方案。此外，针对所涉及的平台，该文献还阐述了一种最理想的经济高效的能源优化解决方案，使之成为过去几年基于模型的 CPS 软件设计领域的基准。

2.3 网络安全威胁

29 网络系统不像人类一样具有道德规范：给定一个具体的问题，它们会以闪电般的速度自动给出答案。这也使得人们可以利用 CPS 去做好事或者坏事。本节将分别介绍一些众所周知的网络攻击类型和网络安全目标。

2.3.1 网络安全的对手

在现实世界中，有许多针对 CPS 的攻击示例，其中某些示例可能会对目标物理过程造成严重破坏。一个著名的例子是澳大利亚昆士兰州马卢奇郡的污水控制系统受到的攻击 [153]。一名黑客使用一台笔记本电脑和一台无线电发射机控制了 150 个污水泵站。在三个月的时间里，他将一百万升未经处理的污水排放到雨水渠中，并流入当地下水道。糟糕的是，该示例只是现实 CPS 攻击者的攻击模型的缩影。CPS 还可能受到更多的攻击或威胁，例如来自一般的网络犯罪分子、不满的员工、恐怖分子、犯罪集团甚至其他国家的间谍的攻击和威胁 [24]。例如，有人声称苏联是冷战（1982 年）期一次袭击中的受害者，当时一个逻辑炸弹（logic bomb）在西伯利亚引发了天然气管道爆炸 [135]。文献 [175] 中介绍了与 CPS 有关的更多类型的攻击。因此，许多军事组织一直在研究先进的网络攻击技术，这种事情已经不足为奇了，这其中也包括针对其他国家的物理基础设施的网络攻击。

通常，CPS 的安全性问题仅属于整个计算机系统安全问题发展趋势中的一部分。据文献 [46] 中的报道，世界上平均每 20 秒就会发生一次计算机网络入侵，每年造成数十亿美元的经济损失。如今，软盘、CD、DVD 和 USB 都有可能携带恶意代码。电子邮件、网页浏览器、软件下载和即时消息很可能被黑客劫持。一台新计算机一旦连接到互联网，就会在不到 15 分钟的时间内被黑客扫描。网络环境不再是可信赖的。在被视为 CPS 基本基础设施的无线网络的特定环境中，常见的攻击方式有以下几种：

欺骗攻击（spoofing）：欺骗攻击指一个人或程序通过篡改数据成功地将自己伪造成另一个人或程序，从而获得非法利益。由于 TCP / IP 套件中的许多协议没有提供用于验证消息的发送方或接收方的机制，使得这种攻击成为可能。网络世界中存在各种类型的欺骗攻击，其中最常见的一种是 IP 欺骗（IP spoofing）。在 IP 欺骗中，攻击者会伪造自己的 IP 地址，将恶意请求发送到目标系统。由于目标无法验证请求的来源，因此它很容易信任攻击者，导致泄露机密信息。

30

女巫攻击（sybil）：女巫攻击出现的原因是，在端到端传输的网络中，单个节点可以具有多个身份。如果一个节点可以控制网络上的大多数身份，则冗余备份的作用就会减弱。女巫攻击使用社交网络中的几个节点来控制多个伪造身份，并使用这些身份来控制或影响大量正常节点。

拒绝服务攻击（DoS）和分布式拒绝服务攻击（DDoS）：DoS 是一种网络攻击类型，通常用于使服务器或网络瘫痪。DDoS 是发起 DoS 的常用方式。为了执行 DDoS，黑客首先要控制大量计算机，可以借助木马病毒（Trojan virus）或恶意软件来完成。然后，黑客命令所有计算机向受攻击的网络发送特定请求。通过耗尽网络的带宽或计算能力，这些请求有效地使受攻击的服务瘫痪，并阻止其他用户访问。

为了防御日益多元化的对手，必须对网络安全进行系统的调查。网络安全是一种社会技术系统，旨在解决与技术基础设施、应用程序、数据和人机交互有关的问题。在设计网络系统时，通常有两种方法来提高网络安全性：第一种方法是威胁管理（threat management），该方法可以识别特定类型的攻击者模型，然后构建专门的解决方案来应对它们；另一种方法是基础设施管理（infrastructure management），该方法旨在提高系统基础设施的鲁棒性，例如使用加密技术消除任何隐私泄露的可能性。

2.3.2 网络安全的目标

总体而言，CPS 有四个共同的安全目标：机密性（confidentiality）、完整性（integrity）、可用性（availability）和真实性（authenticity）。

- 机密性：机密性是指防止向未经授权的个人或系统泄露信息[52]。
- 完整性：完整性是指未经授权无法修改数据或资源[175]。

31

- 可用性：具有良好可用性的 CPS 可以通过防止由于硬件故障、系统升级、断电或拒绝服务攻击而导致的计算、控制和通信中断来提供更加可靠的服务[188]。
- 真实性：最后不得不提的是，真实性要求 CPS 能在所有端到端进程中验证身份，包括传感器、通信和驱动[156]。真实性还包括可控制性（controllability）和可审核性（auditability）。可控制性意味着系统的所有者拥有控制网络系统的最终权限。可审核性意味着当出现网络安全问题时可以提供调查的基础和方法。

我们应该清楚地认识到，上述四个目标不是孤立存在的，而是紧密联系在一起的。例如，机密性和完整性的定义明确取决于真实性。可用性与系统内部数据的稳定性有关，继而又需要完整性。本节其余部分总结了安全性这四个方面的相关研究，以帮助读者了解网络安全性问题以及解决此类问题的方法。下文将会对不同目标的研究内容给出简短的描述，有兴趣的读者可研究所引用论文的详细信息。

1. 机密性

保证机密性的一种方法是使用形式化模型来检查机密信息的流向。Akella 等人[3] 提出了一种用于 CPS 中信息流分析的语义模型。他们提出了一个与 CPS 相关的有趣观点：在传统计算中，机密性泄露通常是服务器中数字数据的泄露。然而，由于 CPS 可以控制物理系统，信息也可能通过其控制的系统行为泄露。例如，如果观察到天然气管道的吞吐量突然增加，则肯定出现了管道下游的某人增加其需求的情况。正如 Akella 等人所总结的那样，"对商品流动的观察可以使观察者推断出可能有意义的网络行为。"根据这个假设，Akella 等人提出了一种形式化语言来描述 CPS 中网络和物理过程之间的相关性。可以使用形式验证（formal verification）方法来分析此描述，以确保整个系统的机密性。

此外，研究人员一直在尝试创建新型 CPS 架构，以简化机密性维护。文献 [162] 对智能电网的安全感知架构进行了全面调查，这些技术很容易适用于其他 CPS。Zhu 等人[208] 提出一种将这些安全问题分层的观点，在每个层次级别上解决安全问题，并强调开发安全解决方案的整体跨层哲学概念。文献 [173] 中提出了该分层安全性思想的特定应用实例。在该文献中，作者设计了一种车载信息物理系统和移动云计算集成架构（VCMIA），该架构为潜在的用户（如驾驶员和乘客）提供安全的移动服务，以访问移动交通云。该系统中的网络分为三层：宏观层、中观层和微观层（见图 2-4）。微观层由车辆本身组成；中观层由在空间上相邻的车辆形成的车辆自组织网络组成；宏观层将车辆连接到最终控制系统的中央云服务器。不同的安全性方法可以应用于不同的层级。例如，在宏观层面上，作者提出采用混合云架构来保护用户隐私。敏感数据可以存储在私有云中，而其他计算可以在公共云中完成。

在文献 [197] 中，作者讨论了同态加密（homomorphic encryption）在 CPS 中的应用。同态加密是一种新兴的加密技术，允许在不解密数据的情况下对加密数据进行计算。这样，即使是获得了计算单元完全使用权的攻击者也无法从其中提取机密信息（见图 2-5）。但是同态加密仍处于起步阶段，仅支持有限类型的操作。

CPS 中保证机密性的方法见表 2-1。

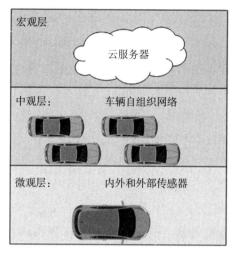

图 2-4　VCMIA 架构的三层结构

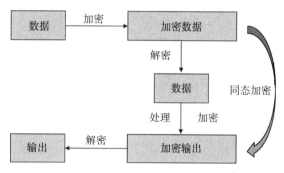

图 2-5　同态加密操作原则

表 2-1　CPS 中机密性方法汇总

参考文献	重点
[3]	提出一个用于 CPS 中信息流分析的语义模型
[162]	安全意识架构的全面调研
[208]	提出将分层观点应用到 CPS 安全问题中
[173]	提出一种用于移动云服务的分层架构
[197]	探索 CPS 中同态加密的应用

2. 完整性

恶意数据或行为检测是处理完整性问题的一种重要方法。文献 [164] 对针对电网的欺骗攻击进行了调查。欺骗攻击是一种特殊的欺骗。在欺骗攻击中，攻击者伪装成系统中的传感器，向计算单元报告虚假数据，从而导致系统的完整性遭到破坏。CPS 可以使用恶意数据检测器来对抗这种类型的攻击，从传感器中删除虚假数据。

33

但是，Teixeira 和其他人的研究表明，攻击者获得的模型越准确，其可以执行的未被发现的欺骗性攻击就越具有破坏性。具体而言，他们量化了模型准确性与针对不同恶意数据检测方案的可能攻击影响之间的权衡。

此外，考虑到隐身欺骗攻击变得越来越不稳定，文献 [76] 提出了一种分析方法以评估 CPS 中检测这种攻击的方法。利用此框架，可以成功得出特定攻击成功的条件，以及特定恶意数据检测器失败的条件。

机器学习技术通常用于检测传感器数据中的网络攻击。本书第 7 章对此课题进行重点介绍。因此，我们在此仅对该课题进行简要介绍。为放宽对网络状态动态化的要求，文献 [43] 中研发了一种博弈论的 actor-critic 神经网络结构，能够有效地在线学习最佳的网络防御策略。同时，为进一步提高该方案的实用性，文献中设计了一种新的深度强化学习算法，并将其实施到 actor-critic 神经网络结构中。在文献 [148] 中，作者提出了一种基于深度神经网络（DNN）技术的智能传感器攻击检测和识别方法，该方法可以在多个异构传感器受到网络攻击时识别欺骗攻击。文献 [180，96，7] 中提出的策略运用深度学习技术来分析来自地理上分布的相量测量装置（Phasor Measurement Unit，PMU）的实时测量数据，并利用电力系统中的物理一致性来探测和检测数据破坏现象。这些在 CPS 防御策略中运用机器学习的示例表明，机器学习对于提高 CPS 的安全性维护是一种非常有前景的方法。

CPS 中保证完整性的方法见表 2-2。

34
~
35

表 2-2　CPS 中完整性方法汇总

参考文献	重点
[164]	研究电力系统中的欺骗攻击
[76]	提出一种用来评估 CPS 攻击检测的分析框架
[43]	研发一种神经网络架构来学习网络防御策略
[148]	提出一种使用深度神经网络的智能传感器攻击检测器
[180, 96, 7]	运用深度学习技术检测数据破坏现象

3. 可用性

上述技术专注于检测网络攻击或受损数据，相比之下，可用性方面的工作涉及最大限度地降低在网络攻击或其他不利环境的压力下损失的性能。

文献 [61] 中提出了一种新颖的攻击补偿器框架，该框架能够使 CPS 保持几乎理想的系统性能。在攻击发生且没有触发警报的情况下，此种技术还可以自动增强 CPS 的防御能力。

通过链接有序的功能列表将大型数据中心网络作为服务功能链，在此情况下，选择一条服务功能的可执行路径对于提高 CFS 可用性而言非常具有挑战性和必要性。Islam 等人[64] 提出了一种策略来选择具有最小端到端延迟的链路。

近年来，将机器学习应用到 CPS 管理中也是非常热门的研究课题。在这种智能的自学习技术的协助下，CPS 可以有效地自动管理其相关缺陷[67]。在文献 [63] 中介绍了将机器学习应用于水处理系统的示例。图 2-6 展示了文献中使用的精确测试平台，在此基础上，提出并比较了两种使用 DNN 和 SVM 的异常检测方法。

图 2-6　安全水处理（SWaT）测试平台[63]

CPS 中保证可用性的方法见表 2-3。

表 2-3　CPS 中可用性方法汇总

参考文献	重点
[61]	在网络攻击下保持 CPS 的理想系统性能
[64]	自动选择具有最小延迟的传输路径
[63]	检测水处理系统中的异常物

4. 真实性

在关于完整性的讨论中，我们介绍了基于数据的防御方法。具体而言，通过识别虚假和有偏差的数据对攻击进行拦截。下面回顾一些基于受损设备身份的防御方法。

36

在文献 [207] 中，Zhang 等人提出了 CPS 健康监控系统。其理念是在系统中引入大量新的传感器，用来监视系统的可观察参数。当检测到虚假数据时，监控系统会利用来自这些附加传感器的输入来查明运行不正常的设备。但是，由于新的传感器需要更多的能量，因此作者为这些诊断传感器引入了调度程序。通过按需激活这些传感器，运行状况监控器能够检测欺骗攻击，同时又不会严重影响系统性能。

文献 [142] 还介绍了一种识别受损传感器的技术。其基本理念是将随机元件引入控制器的决策中。如果传感器可靠，则其报告的数据将反映添加的随机元件。但是，如果无法检测到与加入的随机元件相关的数据，则该传感器很有可能已经损坏。

CPS 中保证真实性的方法见表 2-4。

表 2-4　CPS 中真实性方法汇总

参考文献	重点
[207]	提出一种 CPS 健康监控系统
[142]	引入一种用于识别受损部件的技术

2.4　本章小结

本章介绍了信息物理系统和网络安全的概念。为了提供有关 CPS 和网络安全领域研究和研发的入门级知识，本章简要回顾了与此领域相关的最新研究。我们鼓励各位读者根据个人的背景和兴趣，关注本章所引用文献的详细内容。正如在此背景下所讨论的，机器学习已被视为解决 CPS 中许多挑战性问题的强大工具，并且在过去几年中引起了公众的广泛关注。在本书的第二部分，我们将看到强化学习如何在 CPS 设计和实施中发挥至关重要的作用。

总之，对 CPS 的研究越深入，对该领域就会有更多有趣的想法。在过去的十年中，这个新兴而有前途的领域受到了人们的广泛关注，这种趋势将在未来几年持续下去。

2.5　练习

2.1　解释下列术语：

　　a）信息物理系统

　　b）同态加密

　　c）女巫攻击

　　d）5C 架构

　　e）CPS 的真实性

2.2　当前有哪些 CPS 示例？

2.3　CPS 与物联网有哪些不同？

2.4　与传统控制系统相比，CPS 的独特功能有哪些？

2.5　实施 CPS 面临哪些常见挑战？

2.6　当前哪些技术可以实现 CPS 的 5C 架构？

2.7　考虑计算机网络中常见的网络攻击类型，想一想每种攻击类型是如何影响 CPS 的。

2.8　CPS 中有哪些常见的网络安全方法？将这些方法分类为威胁管理和基础设施管理。

2.9　网络安全的四个目标是机密性、完整性、可用性和真实性，它们之间有什么关系？

　　以下练习要求你探索课本之外的知识，并综合相关领域的知识。

2.10　由于 CPS 依赖无线传感器网络，因此它们容易遭受无线数据拦截和修改。回顾当前的网络加密技术，并确定它们是否可以满足 CPS 的实时性要求。

2.11 机器学习已经被越来越多地应用于网络安全中。一种运用机器学习识别攻击的方法是识别恶意活动。这已经以基于主机的入侵防御的形式在服务器和个人计算机中得以实现。回顾有关该主题的研究，并考虑是否可以将其应用于 CPS 中。

2.12 真实性要求每个传感器的身份必须经过验证，然后才能将数据上传到服务器。这样能够防止被劫持的传感器上传伪造的数据。假设每个传感器都可以检查其他任何传感器的完整性。当然，只有不受黑客控制的传感器得出的结论才是可靠的。进一步假设一半以上的传感器是可靠的。提出一种算法，有效地区分可靠和不可靠的传感器。提示：首先找到一种可以始终找到可靠传感器的算法。

2.13 基于模型的设计是 CPS 研发中的基本工具。UML（Unified Modeling Language，统一建模语言）图是展示 CPS 组件模型的强大工具。在本练习中，假设一家工厂以固定的速度生产瓶子。传感器检查每个瓶子的质量，并针对每个有缺陷的瓶子发射 0 的信号，否则发射 1 的信号。如果连续三次发现有缺陷的瓶子，系统会警告管理人员。为 CPS 系统设计一个有限状态机模型，并用 UML 图表示它。

2.14 在本练习中，我们考虑系统的机密性要求。我们在练习 2.13 的离散同步模型的基础上，进一步假设组件的内部状态是有限状态机，并且你知道其状态图。现实情况中无法观察系统的输入数据。但是，你可以观察其输出，即执行器执行的行动。提出一种算法来确定最可能的输入数据。该示例展示了边信道攻击（side-channel attack）。

39
~
40

Reinforcement Learning for Cyber-Physical Systems: with Cybersecurity Case Studies

强化学习在信息物理系统中的应用

强化学习问题

本章正式介绍强化学习问题及其框架。首先介绍强化学习问题的两个重要的简化版本：赌博机（Bandits）和上下文赌博机（Contextual Bandits）。从赌博机到上下文赌博机，再从上下文赌博机到强化学习的过渡是自然并且一脉相承的。

3.1 多臂赌博机问题

多臂赌博机（Multi-Armed Bandit，MAB）问题（也称 k 臂赌博机问题）指的是玩家在赌博机一系列相互独立的行动中进行选择，以使期望收益最大化。该问题的命名源自一个虚构的小例子，即一个智能体进入赌场，试图在一排赌博机上实现收益的最大化。然而，在进入赌场之前，智能体并不知道哪一台机器的收益期望最高。因此，智能体必须设计一种策略，既要学习每台赌博机收益的统计分布，又要利用现有的知识了解哪台赌博机收益最高。现在，假设收益的统计分布是固定的，也就是说，收益的统计分布不会随时间变化。尽管被称为多臂，但它还是必须按照以下重复过程进行操作：选择要玩的一台赌博机，拉动所选机器的操纵杆，并观察机器的收益。在逐步建立全面的强化学习问题时，我们想指出一些 MAB 问题中出现的共同要素和主题，这些要素和主题对于强化学习问题来说同样很普遍并且至关重要。

首先确定问题中的两个实体：智能体和一排赌博机。我们的目标是制定策略以实现智能体的收益最大化。此外，赌博机及其真实收益分布可称为环境，而该环境对于智能体来说是未知的。

下面介绍奖励（reward）和回报（return）的概念。在 MAB 问题中，奖励指的是每次拉动摇臂后所赚取或损失的钱。而回报是自智能体进入赌场以来，我们在所有交易中的累计收益或损失。智能体试图研发一种算法，该算法利用赌博机选择的历史记录以及相应的奖励来将回报最大化。从形式上看，回报 G 是整段时间中奖励 r_t 的总和，

$$G = \sum_{t=1}^{T} r_t \tag{3.1}$$

进入赌场后，智能体对其所处的环境（每台机器的奖励分配）一无所知。为了

获得最大的回报，智能体必须以某种方式可靠地识别出具有最高奖励期望的机器，然后重复选择该机器。在没有先前知识的情况下，智能体首先需要探索其所处的环境，以学习如何最有效地利用周围的环境。由于假定赌博机奖励是随机的或者是不确定的，智能体必须把每台机器把玩多次以了解其奖励分布。随着每台机器被选择足够多的次数，每台机器的奖励分布变得更加鲁棒（可信），智能体应从探索环境（学习奖励分布）过渡到利用环境（挑选具有最高奖励期望的机器）。这种过渡也可看成是探索和利用之间的权衡，并且过渡策略直接决定了智能体的表现。当我们提出算法解决 MAB 问题时，都会考虑采用何种机制来平衡探索（exploration）和利用（exploitation）。

41
~
44

MAB 问题有许多算法解决方案。通常情况下，一个解决方案是否适合是根据奖励分配的基本假设来决定的。例如，收益为任意金额的投币机可以被建模为高斯分布（Gaussian distribution）。收益为 0 美元或 1 美元的机器可以被建模为伯努利分布（Bernoulli distribution）。然而，我们接下来要介绍的三种解决 MAB 问题的算法适用于任何分布模型。

首先，我们来回顾一下图 3-1 中描述的问题。该图展示了 MAB 问题中不同元素之间的关系。通过执行行动 a 从选定机器获得的随机奖励 r 是一个具有未知概率分布的随机变量。回想一下，智能体必须同时权衡探索（了解每台机器的奖励分布）和利用（选择具有最高估计收益的机器）。在深入研究算法之前，本章首先介绍一些与估算每台赌博机奖励分配相关的数学概念。这些概念与每个 MAB 算法都息息相关。

图 3-1　MAB 问题结构：从行动 a 到奖励 r 的箭头表示奖励 r 的值取决于行动 a

随机变量的期望值是该随机变量可取的所有值的加权平均值。在此，一个给定值的权重只是代表随机变量取该给定值的概率。连续和离散随机变量的期望可用式（3.2）和式（3.3）表示。

$$\mathbb{E}[x] = \int_x p(x) \cdot x \, \mathrm{d}x \tag{3.2}$$

$$\mathbb{E}[x] = \sum_x p(x) \cdot x \tag{3.3}$$

45

在 MAB 问题中，通常用 $p(r|a=j)$ 表示每台机器未知的真实奖励分布：此条件概率表示，智能体的行动 a 为选择第 j 台赌博机时获得奖励 r 的概率。如果智能体已知每台赌博机的这些分布情况，则可以根据奖励是连续分布还是离散分布，分别使用式（3.2）或式（3.3）来计算每台赌博机的奖励期望。因此，我们可以选择近似

估计每台赌博机的奖励期望 $\mathbb{E}[r\mid a]$ ，或者学习其分布 $p(r\mid a)$ 。本书将选用前者。假设随机变量的每一个输出值都是独立的且有着相同的分布（独立同分布，i.i.d.），大数定律（law of large numbers）指出随着样本数量增大至无穷，通过实践结果估计的期望值将接近于真实的期望值。如下所示，

$$\mathbb{E}[x] = \lim_{N \to \infty} \frac{1}{N} \sum_{i=1}^{N} x_i \tag{3.4}$$

当 N 取值很大时，可以根据式（3.5）合理地估计期望值。

$$\mathbb{E}[x] \approx \frac{1}{N} \sum_{i=1}^{N} x_i \tag{3.5}$$

将此结果应用于 MAB 问题，我们可以用自赌博机开始运行以来从每台机器收集的所有奖励的平均值，来估计每台机器的奖励期望。比如，将第 j 台机器的估计奖励期望定义为 μ_j ，

$$\mu_j = \frac{1}{N_j} \sum_{i=1}^{N_j} r_{i,j} \tag{3.6}$$

其中， N_j 是我们玩第 j 台机器的次数， $r_{i,j}$ 是在第 j 台机器上玩的第 i 次的奖励。需要注意的是，这些数量都可以用迭代的方式计算，即智能体无须记录所有历史奖励。从数学上可以表示为：

$$
\begin{aligned}
\mu_j(n) &= \frac{1}{n} \sum_{i=1}^{n} r_{i,j} \\
&= \frac{1}{n} \left(\sum_{i=1}^{n-1} r_{i,j} + r_{n,j} \right) \\
&= \frac{1}{n} \sum_{i=1}^{n-1} r_{i,j} + \frac{1}{n} r_{n,j} \\
&= \frac{n-1}{n} \cdot \frac{1}{n-1} \sum_{i=1}^{n-1} r_{i,j} + \frac{1}{n} r_{n,j} \\
&= \frac{n-1}{n} \mu_j(n-1) + \frac{1}{n} r_{n,j}
\end{aligned}
\tag{3.7}
$$

基于上述的数学公式，我们将再次讨论探索和利用。根据大数定律，随着 N_j 趋向于无穷大，我们对第 j 台机器的估计奖励期望 μ_j 越来越接近真实奖励期望。然而，当 N_j 很小时，计算的估计值会具有非常大的误差。设想有两台机器，第一台机器有 35% 的概率支出 1 美元，而第二台机器有 55% 的概率支出 1 美元，其他时间的支出均为 0 美元。显而易见，在两者之间，智能体的最佳选择是玩第二台机器。但是，

假设智能体很贪心，它选择只在每台机器上试玩一次就决定要一直玩哪台机器。在这种情况下，一种可能的结果是，该智能体在第一台机器上赢得 1 美元，在第二台机器上赢得 0 美元。根据式（3.6），这个贪心并且幼稚的智能体将得出结论，第一台机器的收益期望为 1 美元，第二台机器的收益期望为 0 美元。随后，这个贪心的智能体只会以次优的方式一直赌下去。

相反，我们假设有一个非常保守的智能体永远不相信它估计的收益期望 μ_j。该智能体进入赌场后，一直对这些机器进行探索，却从未利用所获得的知识来更好地使用这些机器。如果该智能体从上述相同的两台机器中随机选择来进行探索，那么他只有 50% 的概率会选择最优机器。

现在应该清楚的是，针对 MAB 问题的好算法必须能够较好地权衡探索（学习可靠的 μ_j）和利用（挑选具有最大 μ_j 的机器）。这种权衡可以通过多种方式实现，并且也可以用于区分随后介绍的各种 MAB 算法。 47

3.1.1 ε-greedy 算法

首先介绍 MAB 问题中的第一个算法：ε-greedy。ε-greedy 算法简单易懂，能够很好地阐明权衡探索与利用的概念。根据 ε-greedy 算法，智能体以 ε 的概率选择探索（等概率地随机选取一台赌博机），并以（$1-\varepsilon$）的概率选择利用（选择具有最高 μ_j 值的赌博机）。在有 k 个可选行动的环境中，选取第 j 台赌博机的概率分布 $P_r(A_t = j)$ 可根据式（3.8）得到。

$$
\begin{aligned}
Pr(A_t = j) &= \begin{cases} 1-\varepsilon+\dfrac{\varepsilon}{k} & \text{如果 } j = \underset{j=1,\cdots,k}{\arg\max}\ \mu_j \\[2mm] \dfrac{\varepsilon}{k} & \text{否则} \end{cases} \\[4mm]
&= \begin{cases} 1-\dfrac{(k-1)\varepsilon}{k} & \text{如果 } j = \underset{j=1,\cdots,k}{\arg\max}\ \mu_j \\[2mm] \dfrac{\varepsilon}{k} & \text{否则} \end{cases}
\end{aligned}
\tag{3.8}
$$

其中 arg max 运算符代表返回能够最大化目标函数的参数。例如式（3.8）中，它仅仅返回具有最大 μ_j 的索引 j。需要注意的是，在所有 μ_j 上都可能存在多个最大值的情况，此时则采用第一个索引或随机选择其中的一个索引。在式（3.8）中还可以观察到，探索概率 ε 被平均分配给包括贪心臂（估计期望收益最高的那台赌博机）在内的 k 台赌博机。这样，除具有最大估计值的这台赌博机以外的所有赌博机均以概率 $\dfrac{\varepsilon}{k}$ 被选择。而贪心臂被选择的概率则为 $1-\dfrac{(k-1)\varepsilon}{k}$。

算法 1 中提出了完整的 ε-greedy 算法。该算法在开始时将所有 k 台赌博机的收益期望和观察计数器初始设置为零。随后，它循环遍历 T 次试验（赌博机游戏）。在每次试验中，算法都会为每台赌博机分配相应的概率，然后根据此概率分布选择行动。该行动会从环境的未知真实分布（所选赌博机的真实奖励分布）中获取奖励值。通过奖励观察，算法会更新最近选择赌博机的奖励期望。在算法 1 中，我们使用式（3.7）对奖励期望的估算值进行迭代更新。

48

Algorithm 1　ε-greedy Algorithm for MAB

Initialize estimates: $\mu_j := 0$ for $j = 1, \ldots, k$
Initialize play counters: $N_j := 0$ for $j = 1, \ldots, k$
for $t = 1$ **to** T **do**
　maxSelected = **false**
　for $j = 1$ **to** k **do**
　　if $\mu_j = \max(\mu_1, \ldots, \mu_k)$ **and** maxSelected = **false then**
　　　$\theta_j := 1 - \frac{(k-1)\varepsilon}{k}$
　　　maxSelected := **true**
　　else
　　　$\theta_j := \frac{\varepsilon}{k}$
　　end if
　end for
　Sample and perform action: $a \sim \text{Categorical}(\theta_1, \ldots, \theta_k)$
　Observe reward: r
　Increase the number of observations for the played arm: $N_a := N_a + 1$
　Update expected payout for the played arm: $\mu_a := \frac{N_a - 1}{N_a}\mu_a + \frac{1}{N_a}r$
end for

下面我们介绍 ε-greedy 算法的一些要点。

1）它始终采用一个小概率 $\varepsilon \in (0,1)$，使探索一直进行下去。

2）该算法适用于任何奖励分布。实际上，每台机器都可以有不同的奖励分布（高斯、伯努利等），而 ε-greedy 仍然有效。

3）我们需要选择合适的 ε 来平衡探索和利用。通常，人们可以从大的 ε 开始，并随着时间的推移逐渐减小 ε。将 ε 设置为 1 相当于完全探索，将 ε 衰减为 0 将使算法转变为完全利用（贪心算法）。

值得注意的是，如果奖励的概率分布是不固定的，即该分布随时间而变化，则我们需要一直进行探索以确保始终有机会选择到最佳机器。具体来讲，我们可以简单地一直使用一个固定的 $\varepsilon > 0$。实际上，正如下面几章所介绍的，大多数强化学习

问题都会面临非平稳性（nonstationarity）问题。 49

3.1.2　softmax 算法

softmax 算法采用与 ε-greedy 算法类似的结构。实际上，唯一的区别是二者分类行动的概率分布函数的构造方式。与式（3.8）不同，softmax 分布可表示为：

$$Pr(A_t = j) = \frac{e^{\mu_j/\tau}}{\sum_{i=1}^{k} e^{\mu_i/\tau}} \tag{3.9}$$

其中，τ 是一个正参数，被称为温度，与上算法 1 的 ε 类似，参数 τ 也被用于平衡探索与利用。softmax 分布之所以得名，是因为它给概率最大的元素分配接近于 1 的概率。指数函数 e^x 是一个单调递增的函数，使得大的数字变得更大。在式（3.9）中，分母只是一个可确保概率分布总和为 1 的归一化常数。从实现的角度来看，最好的做法是先为每个索引 j 计算分子部分，然后再将每个分子除以它们的总和，而不是直接实现式（3.9）j 次。进行了少许更改后，算法 2 实现了这一算法。

Algorithm 2　Softmax Algorithm for MAB

Initialize estimates: $\mu_j := 0$ for $j = 1, \ldots, k$
Initialize play counters: $N_j := 0$ for $j = 1, \ldots, k$
for $t = 1$ **to** T **do**
　$Z := 0$
　for $j = 1$ **to** k **do**
　　$\phi_j := \exp(\mu_j/\tau)$
　　$Z := \phi_j + Z$
　end for
　for $j = 1$ **to** k **do**
　　$\theta_j := \phi_j/Z$
　end for
　Sample and perform action: $a \sim \text{Categorical}(\theta_1, \ldots, \theta_k)$
　Observe reward: r
　Increase the number of observations for the played arm: $N_a := N_a + 1$
　Update expected payout for the played arm: $\mu_a := \frac{N_a-1}{N_a}\mu_a + \frac{1}{N_a}r$
end for

50

下面介绍 softmax 算法的一些性质。

1）假设 $\tau = 1$，可以发现 softmax 函数的概率 θ_j 对于有限 μ_j 总是正的，这是因为对 μ_j 采取的指数操作：$\exp(\mu_j)$。由于选择机器的概率总是非零的，因此算法将永远不会停止探索。

2）像 ε-greedy 一样，softmax 算法与每台机器的奖励分布无关。

3）同样，我们必须选择超参数 τ 来平衡探索和利用。我们可以从取值较大的 τ 开始，将 τ 设置为无穷大等同于只有探索而没有利用的过程，将 τ 衰减为零将使算法逐渐变为完全利用的算法（贪心算法）。

3.1.3   UCB 算法

目前为止，我们提出的用于 MAB 问题的算法平衡了探索和利用，但是其效果受到超参数及其衰减的影响。回想一下，我们进行探索的动力源于以下事实：我们需要合理数量的样本来可靠地估算收益期望。即使有了鲁棒（可信）的近似结果，对于有限数量的样本，得出的估计期望还是存在很小的可能性是不正确的。如果收益期望不正确，那么我们可能会选择到次优的机器。因此，随着估计变得更加可靠，我们似乎应该从完全探索缓慢过渡到接近贪心的探索。在 ε-greedy 算法和 softmax 算法中，必须选择一个值对 ε 或 τ 初始化，并使用一些用户定义的衰减函数使其随时间衰减，且该衰减能够与估计的可靠性同步。这样说来，研发一种根据我们估计的不确定性来控制"衰减"的算法不就很棒吗？从 MAB 问题中推导出 μ_j 的置信上限（因此称为 UCB 算法）的过程不在本书讨论范围之内，但这源于 Hoeffding 界限，我们用该界限的改进版本将我们估计误差的概率用一个收集样本数的函数来界定。关于 UCB 的更多讨论可以在文献 [77，2，9] 中找到。将此结果应用于 MAB 问题就产生了 UCB 算法，在 UCB 算法中，我们根据式（3.10）选择行动：

$$A_t = \arg\max_a \left[\mu_t(a) + c\sqrt{\frac{\ln t}{N_t(a)}} \right] \tag{3.10}$$

其中，ln 是自然对数，$N_t(a)$ 是在时间 t 之前选择行动 a 的次数，而 $c > 0$ 是控制探索的参数。

在 ε-greedy 算法和 softmax 算法中，我们根据所构造的概率分布函数来选择行动，并通过这种方式进行探索。在这里，我们根据贪心算法执行行动，但是给估计添加了不确定因子。我们的不确定因子 $c\sqrt{\frac{\ln t}{N_t(a)}}$ 放大了收益的估计值。具有不确定收益估计的行动将大大夸大其估计值，而具有某些确定估计值的行动将获得较少的甚至没有夸大因素。这究竟是什么原理呢？我们尝试一种行动的次数为 $N_t(a)$，当前时间为 t。显而易见的是，当我们通过执行行动 a 来增加 $N_t(a)$ 时，估计就会变得更有把握，不确定因子的值会逐渐减小。此外，由于 $\ln t$ 具有次线性增长率，我们选择行动 a 的次数的增长速度可以稍慢于 t，但仍然能够保持较高的置信度。平方根进一步缩小了放大的程度。常数 c 仍然是必须设置的超参数，以控制置信区间的影响。我们将这种选择行动的方法集成到下面的 MAB 算法中。

Algorithm 3 UCB Algorithm for MAB

Initialize estimates: $\mu_j := 0$ for $j = 1, \ldots, k$
Initialize play counters: $N_j := 0$ for $j = 1, \ldots, k$
for $t = 1$ **to** T **do**

    Perform action: $A_t = \arg\max\limits_{a} \left[\mu_t(a) + c\sqrt{\frac{\ln t}{N_t(a)}} \right]$

    Observe reward: r

    Increase the number of observations for the played arm: $N_t(a) := N_t(a) + 1$

    Update expected payout for the played arm: $\mu_t(a) := \frac{N_t(a)-1}{N_t(a)}\mu_t(a) + \frac{1}{N_t(a)}r$

end for

UCB 算法的一些重点：

1）与 ε-greedy 算法和 softmax 算法相比，UCB 算法不会通过抽样进行探索，而是根据不确定性来放大估计的收益期望。然后，UCB 算法会采用这些放大项中的最大值，使其在确定的行动选择算法下，仍然可以进行探索。

2）虽然必须设置超参数 c，但不需要考虑随时间的变化对其进行衰减。因为随着尝试行动次数的增多，其置信区间也会随之缩小。

3）UCB 算法对于赌博机的任意奖励分布都是适用的。

3.2 上下文赌博机问题

现在引入上下文来扩展 MAB 问题。上下文即是智能体在选择行动之前所做的观察。以现实应用场景下的上下文赌博机应用——在线广告为例，广告投放算法可能会监测到用户的 cookie、网络浏览数据等。基于这些上下文信息，算法可以选择符合该用户兴趣的广告（行动）。如果用户单击这些广告，则该算法将获得奖励。否则，该算法无法获得奖励。与 MAB 问题的玩具赌博机示例不同，现实应用中的上下文赌博机可能会使公司赚很多钱。图 3-2 展示了上下文赌博机问题的架构。

MAB 和上下文赌博机问题的主要区别在于，观察到的上下文 x 会影响奖励（在图 3-2 中，这种影响用有向边表示）。例如，对户外设备感兴趣的用户可能不会对视频游戏的广告做出反应。这样的话，智能体应根据观察到的上下文 x 的情况选择行动 a，用它们之间的箭头表示。根据观察的内容而选择行动的概念也是强化学习所

研究的课题。我们将从观察（上下文）到行动的映射称为策略。和之前一样，我们的目标是使收益最大化，即随着时间的推移，将奖励的总和（或加权总和）最大化。因此，上下文赌博机的主要目标是学习一种策略，使得赌博机能够根据观察到的上下文来选择具有最大收益期望的行动。从概率的角度，我们根据分布 $p(r|a,x)$ 来估计奖励期望，其中 $p(r|a,x)$ 表示在观察到上下文 x 并采取行动 a 后获得奖励 r 的概率。在这种方法下，上下文这一先验条件能够对奖励的统计分布有所影响。

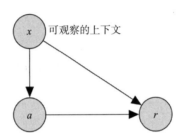

图 3-2   上下文赌博机问题架构

本书并没有对上下文赌博机算法进行详细介绍。之所以对其进行介绍，是因为它引入了根据观察来选择行动的概念，因此上下文赌博机算法是强化学习算法的简单基础。呈现针对上下文赌博机的一元式算法（turn-key algorithm）的部分困难在于，任何算法都必须对周围环境做出某种假设。例如，算法必须假设从上下文到奖励的某种映射（线性或非线性）。或者，算法必须选择如何对奖励和上下文分布（即高斯分布、伯努利分布等）进行建模。而这些选择会严重影响算法的选择和推导。接下来，我们将只具体介绍一种针对 MAB 问题的 UCB 算法。

LinUCB 算法

在此算法中，假设智能体在选择行动之前会先进行观察。此外，假定此观察值为 d 维向量 $\mathbb{R}^d$。该算法包括两部分，首先它试图为所有 k 种可能的行动构建从上下文到估计奖励的线性映射。其次，就像我们在 UCB 算法中为 MAB 问题所做的那样，它对奖励的估计值应用一个上置信界。该算法的推导超出了本书的范围，具体推导内容可以在文献 [84] 中找到。该算法（算法 4）在结构上看起来类似于 MAB 问题中的 UCB 算法（算法 3）。

Algorithm 4   LinUCB Algorithm

Initialize model: $H_a := I_{d \times d}$ and $b_a := 0_{d \times 1}$ for $a = 1, \ldots, k$, and hyper-parameter $\alpha > 0$.

```
for t = 1, ..., T do
    Observe context: x
    for a = 1, ..., k do
        Construct context-to-reward map: θₜ(a) := Hₐ⁻¹bₐ
        Estimate reward with uncertainty inflation: μₜ(a) := θₜ(a)ᵀx +
        α · (xᵀHₐ⁻¹x)^(1/2)
    end for
    Perform action: Aₜ := arg max μₜ(a) (with ties broken arbitrarily)
                              a
    Observe reward: r
    Update model: Hₐ := Hₐ + xxᵀ
    Update model: bₐ := bₐ + rx
end for
```

在此算法中，x 是 $\mathbb{R}^d$ 中的向量，x^T 表示其转置。$I_{d \times d}$ 表示 $d \times d$ 的单位矩阵。H^{-1} 表示矩阵 H 的逆矩阵。我们应该注意到 $\theta_t(a)^\mathsf{T}x + \alpha \cdot (x^\mathsf{T}H_a^{-1}x)^{1/2}$ 与用来解决 MAB 问题的 UCB（式（3.10））的惊人相似之处。第一项是在给定观察到的上下文 x 的情况下，我们对行动 j 的估计奖励。第二项是根据此估算得出的 UCB 值。LinUCB 算法和 UCB 算法之间唯一的结构差异是，在 LinUCB 算法中，我们会创建一个基于上下文的奖励估计模型，而不是基于实践经验的奖励估计模型。这一变化和之前的上下文会影响奖励这一假设保持了一致。

3.3 完整的强化学习问题

现在我们将对完整的强化学习问题进行介绍。在上下文赌博机问题中，我们允许智能体在选择行动之前进行观察。在强化学习问题中，我们用环境状态变量替代可观察的上下文变量，智能体在选择行动之前会（至少部分地）观察环境状态。与上下文赌博机问题的主要区别在于，强化学习问题中智能体在时间 t 的行动会影响其在 $t+1$ 时所观察到的状态。通过这种方式，强化学习问题可以被视为是有反馈的上下文赌博机问题。图 3-3 展示了此类关系。

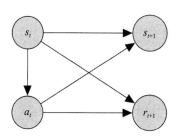

图 3-3 强化学习问题结构：从元素 A 到元素 B 的箭头表示 B 对 A 的依赖性

3.3.1　强化学习的要素

　　强化学习问题主要考虑两个实体：智能体和环境。智能体需要通过训练使其能够在操作环境中完成某些特定任务。强化学习则提供了一个基于算法的非常直观的框架来训练该智能体。在强化学习框架中，智能体必须在每个时间步中选择并执行一项行动。然后，此行动将以某种方式改变环境。例如，考虑 1.1.3 节中的迷宫示例。在每个时间步中，智能体都会记录其在网格上的当前位置，并且选择要移动的方向。如果智能体选择的方向不受边界限制，则此行动将使智能体停留在一个新的位置（此示例特有的环境变化）。智能体将重复这种不断转换的过程，直到找到出口为止。在 1.1.1 节中，我们简要介绍了强化学习框架的主要元素。下面重申一下这些主要元素，并将重点放在四个方面：奖励信号、策略、值函数和（可知或未知的）环境模型。

　　首先，像大多数传统的机器学习和优化问题一样，强化学习必须引入一个目标值，即我们需要去最小化或最大化值的标量。在强化学习框架中，当智能体执行完每个行动后，环境会对其反馈奖励，通常称为奖励信号（reward signal）。环境的奖励信号通常是一个具有两个输入的函数：环境的状态和智能体的行动。在本书中我们会介绍许多强化学习算法，通常，状态和行动之间的映射或者是确定的，或者是随机的。在这里我们首先定义一个最大化目标，我们希望智能体能够实现长期收益或所收到加权奖励值之和的最大化。好消息（以及坏消息）是，作为工程师，我们必须根据所考虑的应用和问题来定义奖励信号。请记住，我们并不是在每个时间步上都寻求最大收益。我们寻求的是将长期收益最大化，即将一段时间或一个回合的奖励之和最大化。再来看图 1-4 中的迷宫问题。如何能够将奖励信号定义为行动和状态的函数，以使智能体在迷宫中快速找到出口时的奖励总和较大而在迷宫中无目标游荡时的奖励总和较小呢？假设一个奖励信号，其对每一个不能使智能体达到出口的行动的奖励为 −1，则在此示例中，智能体累积的奖励值始终为负数，直到其找到出口为止。因此，无目标游荡的收益（奖励总和）将会非常低。智能体可以通过尽快找到出口来将此奖励值最大化。这其中的原理似乎很简单，但这就是强化学习的魅力之所在！

　　下面我们来介绍策略（policy），其本质上指的是智能体的策略（即在给定状态下如何选择行动），使得以实时环境状态作为输入来实现回报的最大化。和以前一样，智能体在制定其策略时必须权衡探索和利用，以确保它不会陷于次优策略。因此，该策略在给定时间内可以是确定性的，也可以是随机的。

　　值函数（value function）是算法框架中最关键的函数。在强化学习中，实际上存在两种值函数。第一个称为状态值函数（state-value function）。第二个称为状态 −

行动 – 值函数（state-action-value function），通常缩写为行动 – 值函数（action-value function）。顾名思义，前者仅指状态的函数，而后者指的是状态和行动的函数。一般而言，这些函数将值分配给当前状态（状态 – 值函数）或当前状态和可能的行动（状态 – 行动值函数）。该数值代表了智能体在当前情况下实现最大回报的潜力。智能体必须通过经验来学习这些值函数。在迷宫示例中，图 1-4c 显示了最佳状态值函数。 57

最后是环境模型（environmental model）。强化学习算法有多种分类方式，其中一种是分类为基于模型的算法（model-based algorithm）和无模型算法（model-free algorithm）。也就是说，模型对于某些算法是非必要的。环境模型旨在模拟智能体的行动对环境的影响。特别是在给定当前状态和潜在行动的情况下，我们能否预测该智能体的下一状态及其奖励信号？想象一下，如果我们在网格世界中随机引入代表不可通行的地形补丁（patch），且智能体不知道该地形是不可通行的，那么，如果智能体选择进入无法通行地形，它只会停留在当前位置。从概率的角度来看，能够使智能体进入不可通行地形的行动的发生概率为 0（即智能体永远无法移入该地形）。相反，朝向可通行地形移动的行动会导致智能体以 1 的概率朝那个方向移动（即智能体完全控制了其在可通行地形中的位置）。

3.3.2 马尔可夫决策过程介绍

本节将以数学形式介绍强化学习问题。大多数强化学习任务都满足马尔可夫决策过程（MDP）的概率模型，回想一下（一阶）马尔可夫过程意味着下一个时间步仅取决于前一个时间步。通常情况下，概率分为两类：离散的和连续的。基于离散的状态和行动定义的 MDP 被称为有限 MDP。由于其普遍性、简单性和完善的理论，本书将主要关注有限 MDP。基于连续的状态和行动定义的 MDP 被称为连续 MDP，目前为止这仍然是热门的研究领域。下面让我们看一下平稳马尔可夫关系：

$$p(s',r\,|\,s,a) = \Pr(S_{t+1} = s', R_{t+1} = r\,|\,S_t = s, A_t = a) \tag{3.11}$$

式（3.11）表示在当前状态 $s \in \mathcal{S}$ 和采取行动 $a \in \mathcal{A}$ 的情况下，进入下一个状态 $s' \in \mathcal{S}^+$（如果 MDP 是有完整状态的回合，则 $\mathcal{S}^+$ 指的是 $\mathcal{S}$ 加上最终状态）并获得奖励 $r \in \mathcal{R}$ 的概率。从中我们可以看到，未来的 $t+1$ 时刻仅取决于当前时刻 t。这是一阶马尔可夫关系的形式化表示。请注意，一阶马尔可夫描述符（first-order Markov descriptor）通常缩写为 Markov。给定这个 MDP，我们可以计算出一个状态 – 行动组合的奖励 58 期望：

$$\begin{aligned} r(s,a) &= \mathbb{E}\,[R_{t+1}\,|\,S_t = s, A_t = a] \\ &= \sum_r r \sum_{s'} p\,(s',r\,|\,s,a) \end{aligned} \tag{3.12}$$

此处可以看出我们把下一个状态变量 s' 边缘化，之后计算 r 的期望值。类似地，我们可以将式（3.11）中的奖励 r 边缘化，以产生式（3.13）中的状态转移概率。

$$
\begin{aligned}
p(s'|s,a) &= \Pr[S_{t+1} = s' \mid S_t = s, A_t = a] \\
&= \sum_r p(s', r \mid s, a)
\end{aligned}
\tag{3.13}
$$

3.3.3 值函数

本节我们将有限 MDP 的状态值和行动值函数形式化。首先在式（3.14）中引入概率策略的概念。

$$
\begin{aligned}
\pi_t(a|s) &= p(a|s) \\
&= \Pr[A_t = a \mid S_t = s]
\end{aligned}
\tag{3.14}
$$

该策略 $\pi_t(a|s)$ 表示智能体在时间 t 处，当状态为 $S_t = s$ 时采取行动 $A_t = a$ 的偏好。与上下文赌博机问题相似的是，智能体会观察状态，然后根据当前策略对可执行的行动进行选择。请注意，我们仅需要将确定的行动之外的所有行动的概率设为零，策略就可以是确定性的。与上下文赌博机问题一样，强化学习算法通常从随机（随机探索）策略开始，最终收敛到确定性（探索）策略。需要强调的是，所有强化学习问题的目标都是让智能体能够学习到最佳（或接近最佳）的策略。

回想一下，好的策略旨在实现整段过程的收益总和最大化。为了将整段过程中的总奖励归纳为过程中某个时间段后可得到的总奖励，式（3.15）引入了折扣回报（未来奖励的总和）的概念。

$$
\begin{aligned}
G_t &= \sum_{k=0}^{\infty} \gamma^k \cdot R_{t+k+1} \\
&= R_{t+1} + \gamma \cdot G_{t+1}
\end{aligned}
\tag{3.15}
$$

59

此处，G_t 是奖励 R_k 的潜在未来总和（即那些超过时间 t 的总和）。$\gamma \in [0,1]$ 项是一个折扣因子（discount factor），将进一步减少未来奖励的值。将此值设置为接近 1 会激发智能体真正考虑长期问题。相反，降低此值会使智能体变得短视，越来越重视短期奖励。如果用于求和的项是有限数量的（即有完整状态的回合），则可以使用 $\gamma = 1$，因为有限项的总和是有限的。请注意第一行和第二行之间的递归关系：t 时刻的回报可以表示为这一时刻的奖励加上 $t+1$ 时刻的折扣回报，对于给定状态，遵循策略 π 的状态值函数定义为：

$$
v_\pi(s) = \mathbb{E}_\pi[G_t \mid S_t = s]
$$

其中，在智能体遵循策略 π 的情况下，期望 $\mathbb{E}_\pi$ 的运算是针对策略中的随机变量的。实际上，我们可以从其后继状态值函数递归获得值 $v_\pi(s)$。也就是说，对于所有 $s \in \mathcal{S}$，

$$
\begin{aligned}
v_\pi(s) &= \mathbb{E}_\pi \left[G_t \mid S_t = s \right] \\
&= \mathbb{E}_\pi \left[R_{t+1} + \gamma \cdot G_{t+1} \mid S_t = s \right] \\
&= \sum_a \pi(a \mid s) \sum_{s'} \sum_r p(s', r \mid s, a)(r + \gamma \cdot \mathbb{E}_\pi[G_{t+1} \mid S_{t+1} = s']) \\
&= \sum_a \pi(a \mid s) \sum_{s'} \sum_r p(s', r \mid s, a)(r + \gamma \cdot v_\pi(s'))
\end{aligned}
\tag{3.16}
$$

此递归方程也称为状态值函数的贝尔曼期望方程（Bellman Expectation Equation）。接下来将分析该方程及其重要性。第一行表示当前状态值是遵循策略后访问的所有未来状态的回报期望。由于策略本质上是一种概率分布，所以我们可以计算它的期望值。第二行介绍了式（3.15）中所示的回报的递归关系。第三行对策略 π 的期望进行展开，获得下一奖励的期望，以及下一个时间步在遵循策略 π 条件下的回报期望。最后一行仅将剩余期望表示为下一状态的值函数。由此可以清楚地看到当前状态的值函数与下一状态的值函数之间是递归关系。尽管现在看起来微不足道或者并不令人印象深刻，但这种关系使许多有限 MDP 算法得以实现。

60

下面对行动值函数进行类似的处理（见式（3.17）），此方程被称为状态 – 行动值函数或行动值函数的贝尔曼期望方程。首先，将遵循策略 π 的行动值 $q_\pi(s, a)$ 定义为：

$$
q_\pi(s, a) = \mathbb{E}_\pi[G_t \mid S_t = s, A_t = a]
$$

然后，利用状态 – 行动对 (s, a) 的可能后继者的行动值 $q(s', a')$ 来表示行动值 $q_\pi(s, a)$。

$$
\begin{aligned}
q_\pi&(s, a) \\
&= \mathbb{E}_\pi[G_t \mid S_t = s, A_t = a] \\
&= \mathbb{E}_\pi[R_{t+1} + \gamma \cdot G_{t+1} \mid S_t = s, A_t = a] \\
&= \sum_r r \cdot p(r \mid s, a) + \gamma \cdot \sum_{s'} \sum_{a'} p(s', a' \mid s, a) q(s', a') \\
&= r(s, a) + \gamma \cdot \sum_{s'} \sum_{a'} p(a' \mid s', s, a) p(s' \mid s, a) q(s', a') \\
&= r(s, a) + \gamma \cdot \sum_{s'} \sum_{a'} \pi(a' \mid s') p(s' \mid s, a) q(s', a')
\end{aligned}
\tag{3.17}
$$

与状态值函数推导相类似，我们证明了行动值函数中的递归关系。但需要注意的是，下一个行动 a' 将由策略 π 定义。此递归属性不可忽视，因为它使得许多有限 MDP 算法成为可能。此外，状态值和行动值函数的递归关系为理论层面提供了很多支持。实际上，我们使用这种关系来定义一个策略是否为最优策略！最优意味着什么？这意味着不存在其他能够产生更高的回报期望的策略。换句话说，当且仅当对于所有

状态 $s \in \mathcal{S}$，$v_\pi^*(s) \geq v_\pi(s)$ 时，才能说一个策略比所有其他策略 $\pi^* \geq \pi$ 更好。请注意，最优策略不一定是唯一的。下面正式定义最佳状态值函数和行动值函数。对于所有 $s \in \mathcal{S}$，

$$v_{\pi^*}(s) = \max_\pi v_\pi(s) \qquad (3.18)$$

并且，对于所有 $s \in \mathcal{S}$ 和 $a \in \mathcal{A}(s)$，

$$q_{\pi^*}(s,a) = \max_\pi q_\pi(s,a) \qquad (3.19)$$

简而言之，最优策略 π^* 是使各个值函数最大化的策略。遵循状态值函数 $v_\pi(s)$ 和行动值函数 $q_\pi(s,a)$ 的定义，我们可以写出采取行动 a 的最佳行动值函数，并遵循以下最佳策略。

$$q_{\pi^*}(s,a) = \mathbb{E}_\pi[R_{t+1} + \gamma \cdot v_{\pi^*}(s') \mid S_t = s, A_t = a] \qquad (3.20)$$

从这里，通过认识到最优策略意味着采取使行动值函数最大化的行动，我们可以得出式（3.21）中状态值函数的重要贝尔曼最优方程。

$$\begin{aligned} v_{\pi*}(s) &= \max_a(q_{\pi^*}(s,a)) \\ &= \max_a(\mathbb{E}_{\pi^*}[R_{t+1} + \gamma \cdot v_{\pi^*}(s') \mid S_t = s, A_t = a]) \\ &= \max_a\left(\sum_{s'}\sum_r p(s',r \mid s,a)(r + \gamma \cdot v_{\pi^*}(s'))\right) \\ &= \max_a\left(r(s,a) + \gamma \cdot \sum_{s'} p(s' \mid s,a) v_{\pi^*}(s')\right) \end{aligned} \qquad (3.21)$$

我们使用类似的方法推导出行动值函数的贝尔曼最优方程，如下所示：

$$\begin{aligned} q_{\pi^*}(s,a) &= \mathbb{E}_\pi[R_{t+1} + \gamma \cdot v_{\pi^*}(s') \mid S_t = s, A_t = a] \\ &= \sum_{s'}\sum_r p(s',r \mid s,a)(r + \gamma \cdot v_{\pi*}(s')) \\ &= \sum_{s'}\sum_r p(s',r \mid s,a)(r + \gamma \cdot \max_{a'} q_{\pi*}(s',a')) \\ &= r(s,a) + \gamma \cdot \sum_{s'} p(s' \mid s,a) \cdot \max_{a'} q_{\pi*}(s',a') \end{aligned} \qquad (3.22)$$

通常，对于具有 N 个状态的有限 MDP，贝尔曼最优方程（3.21）具有独立于策略的唯一解。如果模型 $p(s',r|s,a)$ 是已知的，则式（3.21）表示由 N 个方程组成的系统，具有 N 个未知变量。因此，如果 N 很小，则总是可以通过简单地求解相应的非线性方程组来求解贝尔曼最优方程。一旦获得了所有状态的 $v_{\pi*}(s)$，就可以通过一步搜索导致最佳 $v_{\pi*}(s')$ 的行动来确定最佳策略。同样，如果对于所有状态 – 行

动对 (s,a) 我们都知道 $q_{\pi*}(s,a)$ ，则状态 s 的最优策略就是选择能够得到 $q_{\pi*}(s,a)$ 值的行动。

62

3.4　本章小结

本章首先介绍了多臂赌博机问题，该问题可以看作是简化的强化学习问题，20世纪 30 年代以来已经对此进行了研究 [165, 137, 17]。从赌博机问题中，我们可以看到强化学习是如何在实践中发挥作用的，并深入了解强化学习的基本权衡问题——探索与利用。接下来我们介绍了强化学习问题和马尔可夫决策过程的框架。本书所介绍的强化学习算法的基础是贝尔曼期望方程（3.16）和（3.17）以及贝尔曼最优方程（3.21）和（3.22）。也就是说，实质上所有的强化学习算法/解决方案都是为了解决这些贝尔曼方程。如果方程中的转移概率 $p(s',r|s,a)$ 完全准确地已知，则用于计算贝尔曼方程解的强化学习算法集合就是所谓的基于模型的解决方案，例如动态规划（dynamic programming）。否则，如果转移概率是未知的，则强化学习算法的集合就是所谓的无模型解决方案，例如蒙特卡罗方法（Monte Carlo method）和时序差分学习（temporal-difference learning）。本书其余部分将对这些方法进行介绍。

3.5　练习

3.1　对于 softmax 行动选择算法，证明以下内容：

　　a）在极限 $\tau \to 0$（温度）下，softmax 算法的行动选择与贪心算法相同。

　　b）在有两种行动的情况下，使用吉布斯分布（Gibbs distribution）的 softmax 函数将变为人工智能神经网络中常用的逻辑函数或 sigmoid 函数。

3.2　在多臂赌博机问题中，如果使用对样本取平均值的方法来估算行动价值，从长期来看，为什么贪心算法的表现要比 ε-greedy 算法差很多？

3.3　正如 k 臂 UCB 算法所展示的：

$$a = \arg\max_j \left[\mu_j + c\sqrt{\frac{\ln t}{N_j}} \right]$$

其中，$j = 1, 2, \cdots, k$，$\sqrt{\dfrac{\ln t}{N_j}}$ 帮助我们避免在不探索其他赌博机的情况下总是玩同一个赌博机。

考虑一下 $c = 1$ 的二臂示例：第 1 台赌博机的奖励为固定值 0.25，第 2 台赌博机的奖励遵循概率值为 0.75 的 $0 \sim 1$ 伯努利分布。如果使用贪心策略，则有 0.25 的概率的第 2 台赌博机产生的奖励为 0，我们将始终选择第 1 台赌博机，而从不选择第 2 台赌博机。如果在这种情况下使用 UCB 算法，则不会有此问题。用 t 表示时间步长，假设在 $t=1$ 的情况下拉动第 1 台赌博机，在 $t=2$ 的情况下拉动第 2 台赌博机，奖励为 0（出现的概率为 0.25），那么在 $t=3$ 和 $t=4$ 时会拉动哪台赌博机？

63

3.4　在如图 3-4 所示的简单 MDP 中，从初始状态 S_0 开始有两个行动（向上或向下）。所有奖励 r

是确定性的。假设终端状态 T 的值为 0，则针对 γ 为 0、0.5 和 1 找到最佳策略。

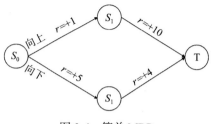

图 3-4   简单 MDP

3.5   计算图 3-5～图 3-7 中所有 MDP 中 S_t 的状态值。线上的小数表示选择相应行动的概率。值 r
表示奖励，可以是确定性的也可以是随机的。假设所有问题的 $\gamma = 1$，所有最终状态（即图中
没有后继的状态）的值始终为零。

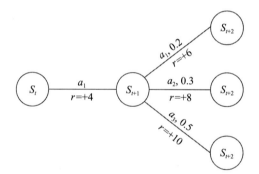

图 3-5   具有确定转变的 MDP

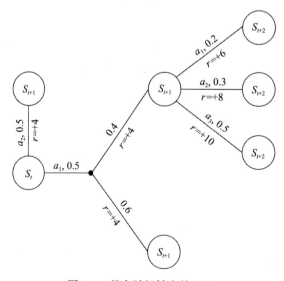

图 3-6   具有随机转变的 MDP

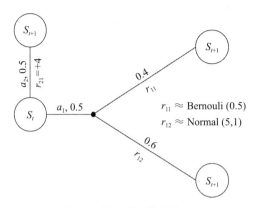

图 3-7 具有随机奖励的 MDP

3.6 考虑图 3-8 中的 4×4 网格图，其中 T 表示最终状态。网格中的数字对应于该状态（即位置）的值。最终状态的状态值始终为 0。每种状态下可能有四种行动（上、下、左、右）。任何超出网格的行动都将使状态保持不变。

	1	2	3	4
1	0	0.7	0.6	0.9
2	0.6	0.8	0.7	0.6
3	0.8	1.2	1	0.7
4	0.9	1.4	T	0.5

图 3-8 网格图

a）假设一个机器人从位置（1，1）开始行动，根据网格值，如果机器人遵循贪心策略，则其能够经过的最佳路径是什么？

65 ～ 66

b）对于问题 a）中所选择的路径，假设每个行动的奖励按 -1，-2，$\cdots$，$-n$ 的顺序排列。假设 $\gamma = 0.5$，请计算回报值 G_1，G_2，$\cdots$，G_N，其中 N 是所选路径中行动的总数。

c）假设所有行动的奖励均为 0，并且机器人遵循等概率策略（即以相等概率执行行动），请使用贝尔曼期望方程（$\gamma = 1$）证明位置（2，2）的值。

3.7 给定一个具有奖励函数 $R(s)$ 和给定常数 $\beta > 0$ 的任意 MDP，请考虑一个修改后的 MDP，新的 MDP 除具有新的奖励函数 $R'(s) = \beta R(s)$ 之外，其他所有内容都不变。证明修改后的 MDP 具有与原始 MDP 相同的最佳策略。

3.8 给定一个 MDP 模型，表示贝尔曼期望方程（3.16）并以矩阵形式为所有 s 提供 $v(s)$ 的解。我们会看到，直接求解基于矩阵的方程具有 n^3 阶的计算复杂度，其中 n 是状态数。因此，这种直接解决方案仅适用于小型模型。对于大型模型，必须采用后面几章介绍的迭代方法。

3.9   当转移概率确定时，推导状态值函数的贝尔曼最优方程。

3.10（期望后悔界限）假设对无限长度的折扣 MDP 强化学习算法 A 有期望后悔：

$$\mathbb{E}_*\left[\sum_{t=1}^{T} r_t\right] - \mathbb{E}_A\left[\sum_{t=1}^{T} r_t\right] = f(T)$$

对于所有 $T > 0$，其中 $\mathbb{E}_*$ 是基于最佳策略 π_* 的概率分布的期望，而 $\mathbb{E}_A$ 是相对于算法行为的期望。假设 $\gamma \in [0,1)$ 是折扣因子，奖励是归一化的，即 $r_t \in [0,1]$。

a）π 是一个任意策略或算法。对于任意 $\varepsilon' > 0$ 以及 $T' \geqslant \log_{\frac{1}{\gamma}}\dfrac{H}{\varepsilon'}$，其中 $H = \dfrac{1}{(1-\gamma)}$，对于所有状态 s，证明：

$$\left| v_\pi(s) - \sum_{t=1}^{T'} \gamma^{t-1} \mathbb{E}_\pi[r_t \mid s_1 = s] \right| \leqslant \varepsilon'$$

请注意，v_π 是与 π 相关的值函数，$\mathbb{E}_\pi$ 是与 π 的随机性对应的期望值。

b）基于算法 A 和 a）部分的后悔保证，证明：对于 $\varepsilon' > 0$ 以及 $T' \geqslant \log_{\frac{1}{\gamma}}\dfrac{H}{\varepsilon'}$，在 $T > 0$ 的情况下我们可以得到：

$$\mathbb{E}_*[v_*(s_{T+1})] - \mathbb{E}_A[v_A(s_{T+1})] \leqslant f(T'+T) - f(T) + 2\varepsilon'$$

其中，v_A 是算法 A 所遵循的（可能是非平稳性）策略的值函数。

c）假设 $f(T) = \sqrt{T}$，对于任何 $\varepsilon > 0$ 以及 $t \geqslant 1 + \dfrac{1}{\varepsilon^2}\left(\log_{\frac{1}{\gamma}}\dfrac{4H}{\varepsilon}\right)^2$ 的情况，证明：

$$\mathbb{E}_*[v_*(s_t)] - \mathbb{E}_A[v_A(s_t)] \leqslant \varepsilon$$

提示：设 ε' 是 ε 的某个函数。

基于模型的强化学习

4.1 引言

从本章开始，我们将系统地介绍强化学习的相关算法，本章将主要介绍基于模型的方法。强化学习的目标是让智能体学习如何根据环境中的一系列输入/观察结果（例如，环境的状态）来解决顺序决策问题，以使总体奖励最大化或任务得以完成。为了实现这个目标，基于模型的强化学习方法总是对环境动态假设一个完美的数学模型，使得从中能够推出每个状态的最优行动。与下一章将介绍的无模型方法相比，基于模型的方法的优点是可以使用更少的样本来完成训练。但是，基于模型的方法过于依赖其模型假设。因此，在解决某些问题时，如果不能事先准确地知道环境动态模型，就不适合使用基于模型的强化学习方法。

正如前一章所述，MDP 是一种用于解决强化学习问题的经典通用模型。MDP 将顺序决策问题分解为一系列单步决策问题，并通过动态规划方法将其有效解决。本章首先假设环境是一个有限 MDP，即有限状态、有限行动集和转移概率 $p(s', r \mid s, a)$ 的有限集。随后，本章介绍一些算法来解决贝尔曼期望方程和贝尔曼最优方程。最后简要讨论部分可观察 MDP 和连续 MDP。

为了帮助读者了解如何将实际问题建模为 MDP，下文将介绍一个关于智能电网的 CPS 示例，智能电网问题可被建模为连续 MDP。没有控制理论和估计理论背景的读者也可以跳过这个示例，此示例不影响对后续内容的理解。

示例分析

示例 4.1 对 CPS 的最优攻击 [78]

随着现代信息和通信技术（Information and Communication Technology，ICT）的发展，许多关键的基础设施，例如电网或交通系统，正在经历向远程控制和自动系统的转变。然而，ICT 在提高操作效率的同时，也使得系统更容易受到网络攻击。虚假数据注入（False Data Injection，FDI）是典型的攻击方法之一，它将错误的传感器数据或控制命令注入工业控制系统中，以使系统偏离其正常状态。以电网系统为例：如果攻击者注入一系列轻量级的错误传感器数据，就会误导控制算法发出错误的指令，将总线电压调整到错误的方向，最终导致灾难性的安全事故。然而，随着数据偏差越来越大，攻击者需发送更加重量级的错误信号作为补偿，以使所有数据看起来仍合情合理，使检测器不会发出警报。可以肯定的是，这将增加攻击者的电力成本。最佳攻击应该是注入一系列错误数据，仅用有限的电力成本最大化系统的估计误差。因此，为了评估控制系统的安全性，研究生成这种攻击信号序列的可能性及其成本是十分有必要的。下文将展示如何用数学方法将这个问题呈现为 MDP 形式。

如图 4-1 所示，离散电网包括了物理电网、通信网络和离散线性时不变（Linear Time-Invariant，LTI）反馈控制器。在该模型中，$x[t]$ 表示 t 时刻电网的状态，$y[t]$ 表示传感器测量值，$u[t]$ 表示调节 $x[t]$ 的控制信号。将电网动态建模为线性过程，该过程由矩阵 A 和 B 进行参数化。假设 (A, B) 对可控。此外，$w[t]$ 是遵循正态分布 $\mathcal{N}(0, Q)$ 的电网物理过程中的随机噪声。对传感器的观测过程建模为 $y[t] = Cx[t] + v[t]$，其中矩阵 C 为测量矩阵，$v[t]$ 为遵循正态分布 $\mathcal{N}(0, R)$ 的测量噪声。假设 (A, C) 对可检测。假定攻击者通过通信网络将中断信号 $a[t]$ 添加到 $y[t]$，从而导致测量信号 $y_a[t]$ 紊乱。下面，假设该系统具有卡方（$\mathcal{X}^2$）攻击检测器和完善的攻击缓解机制 $\delta[t] = a[t]$，一旦检测到攻击即可恢复 $y[t]$ 信号。也就是说，如果检测到攻击，$y_f[t] = y_a[t] - \delta[t] = y[t]$，否则 $y_f[t] = y_a[t]$。随后，反馈控制器使用卡尔曼滤波器（Kalman Filter，KF）来估计基于输入 $y_f[t]$ 的系统状态 $\hat{x}[t]$。

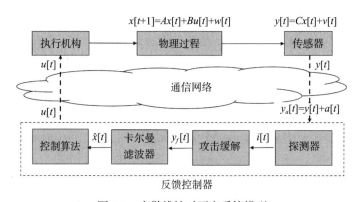

图 4-1 离散线性时不变系统模型

在 KF 中，估计误差 $e[t]$ 是估计值 $\hat{x}[t]$ 与实际值 $x[t]$ 之差，即 $e[t] = \hat{x}[t] - x[t]$。随着 KF 动态的演变，估计误差可表示为：

$$e[t+1] = A_K e[t] + W_K w[t] - K(a[t+1] - i[t+1]\delta[t+1]) \\ - Kv[t+1], t \geqslant 0 \tag{4.1}$$

其中，$A_K = A - KCA$，$W_K = I - KC$。这里的 I 是单位矩阵，K 为稳态卡尔曼增益——

一种常数矩阵。此外，式（4.1）中的 $i[t]$ 表示式（4.2）中定义的 $\mathcal{X}^2$ 检测器。在式（4.2）中，$g = r[t]^T P_r r[t]$（g 是标量），其中 P_r 是预先赋值的常数矩阵，$r[t]$ 是式（4.3）中定义的残差信号。值得注意的是，$g \sim \mathcal{X}^2(k)$（非中心卡方分布），其中 k 表示测量 $y[t]$ 的维度。此外，η 是预设阈值。

$$i[t] = \begin{cases} 0, & \text{如果 } 0 \leqslant g \leqslant \eta \\ 1, & \text{否则} \end{cases} \tag{4.2}$$

$$\begin{aligned} r[t] &= y[t] + a[t] - C(A\hat{x}[t-1] + Bu[t-1]) \\ &= CAe[t-1] + a[t] + Cw[t-1] + v[t] \end{aligned} \tag{4.3}$$

最优攻击的目标是最大化 KF 控制器的累积估计误差期望。在数学理论上，在 T 步之内，可以通过求解式（4.4）得到最优攻击序列：

$$\max_{a[1],\cdots,a[T]} \sum_{t=1}^{T} \mathbb{E}\left[\|e[t]\|^2\right]$$
$$\text{满足式（4.1）中的KF动态误差} \tag{4.4}$$
$$\|a[t]\| \leqslant a_{\max}, t \geqslant 0$$

其中，$\|\cdot\|$ 表示 2 范数（2-norm），$a_{\max}$ 表示攻击者的最大攻击能力。在研究文献中，这被认为是最优控制问题，本质上也是 MDP 问题。MDP 状态是式（4.1）中的误差 $e[\cdot]$，它仅取决于先前的单步误差和附加噪声。MDP 的行动序列是攻击者根据系统的状态顺序注入的 $a[1], \cdots, a[T]$。转移概率表示为：

$$p(e[t+1] \mid e[t], a[t])$$

转移概率可以由式（4.1）计算得出。通过扩展目标函数可以发现，在时间步 t 上，MDP 的即时奖励期望可表示为：

$$\int_{e'} p\left(e' \mid e[t], a[t]\right) \cdot \left\|e'\right\|^2 \mathrm{d}e'$$

4.2　动态规划

解决 MDP 问题有三种基本方法：线性规划（linear programming）、启发式搜索（heuristic search）和动态规划（dynamic programming）。在贝尔曼方程的基础上，线性规划通过求解不同状态的状态值的最小化问题获得最优状态值。启发式搜索通过图来建模 MDP，在该图中，节点代表状态，节点之间的弧线表示特定行动下的转移，因此可以使用许多有效的基于图的搜索方法来求解 MDP[53]。而在本章中，考虑到动态规划优越的可扩展性和收敛速度，将重点对其展开介绍。

72

在计算机科学或数学领域，动态规划（Dynamic Programming，DP）可以看作是将复杂的问题分解为多个具有相似结构的小的子问题来找到解决方案的方法。由于子问题是易处理的，且它的解与其他子问题相耦合。因此通过存储子问题的解并根据这些解的相互联系将它们组合起来，即可得到整个问题的解。在 MDP 中，利用一系列决策最大化累积奖励期望的任务，可以简化成为每个状态找到最优策略的多个单项任务。因此，每个状态的长期决策问题都可以分化为短期决策问题。子问题之间的联系由贝尔曼方程建立。

解决强化学习问题的一种方法是寻找最优的状态值函数或行动值函数，这样我们就可以通过贪心策略来得到最优行动。前文提过，最优值函数（遵循最优策略 π^* 的值函数）可由贝尔曼最优方程表征为：

$$v_{\pi*}(s) = \max_a \sum_{s'} \sum_r p(s',r \mid s,a)(r + \gamma \cdot v_{\pi^*}(s')) \tag{4.5}$$

以及

$$q_{\pi*}(s,a) = \sum_{s'} \sum_r p(s',r \mid s,a)(r + \gamma \cdot \max_{a'} q_{\pi*}(s',a')) \tag{4.6}$$

动态规划的中心思想是通过递归求解 $v_{\pi*}(s)$ 或 $q_{\pi*}(s,a)$ 来获取最佳策略 π^*。接下来的部分将介绍求解上述贝尔曼最优方程的两种方法：策略迭代法和价值迭代法。

4.2.1 策略迭代法

为了通过递归方法找到最优策略，我们首先需要处理一个单步问题：如何找到一个比当前策略更好的策略。为此，必须对现行策略进行定量评估。值函数 $v(s)$ 是评价当前策略的一种度量方法，它表示从状态 s 开始遵循当前策略而获得的长期期望奖励。

策略评估：给定转移矩阵（MDP 模型）$p(s',r|s,a)$，其中 $s \in \mathcal{S}$，$a \in \mathcal{A}$，$r \in \mathcal{R}$，$s' \in \mathcal{S}^+$（如果 MDP 是有完整状态的回合，则 $\mathcal{S}^+$ 等于 $\mathcal{S}$ 加最终状态），以及策略 π，求解式（3.16）中的贝尔曼期望方程，可获得每个状态的状态值函数 $v_\pi(s)$，即：

$$v_\pi(s) = \sum_a \pi(a \mid s) \sum_{s'} \sum_r p(s',r \mid s,a)(r + \gamma \cdot v_\pi(s')) \tag{4.7}$$

这意味着，针对具有 N 个状态的 MDP，需要求解包含 N 个贝尔曼方程的方程组。但是，状态空间过大可能会造成求解联立线性方程的计算超量且烦琐。因此，可以使用动态规划来迭代逼近值函数以解决这个问题，其中用动态规划迭代逼近值函数的每个连续的近似值都可以通过贝尔曼方程获得。需要注意的是，在式（4.7）中，$k+1$ 时刻的 $v_\pi(s)$（$\forall s \in \mathcal{S}$）的值是由贝尔曼期望方程在 k 时刻的值 $v_\pi(s')$ 确定的。

在保证贝尔曼方程存在不动点 / 解的条件下，我们可以保证迭代序列能够收敛到该 $\boxed{74}$
解。算法 5 给出该算法的具体实现过程。

Algorithm 5　Policy Evaluation

1: **Input**: MDP model and policy π
2: **Output**: value array $v_\pi(s)$ for each state
3: Initialize a random value array, $v(s), \forall s \in \mathcal{S}$
4: **repeat**
5: 　　$\Delta \leftarrow 0$
6: 　　**for** $s \in \mathcal{S}$ **do**
7: 　　　　$v \leftarrow v_\pi(s)$
8: 　　　　Update $v_\pi(s)$ based on (4.7)
9: 　　　　$\Delta \leftarrow \max(|v - v_\pi(s)|, \Delta)$
10: 　　**end for**
11: **until** $\Delta < \theta$ (a pre-assigned small positive number)

策略改进：如果给定策略的值函数，就可以遵循贪心策略简单、直接地改进策略。其中，一个状态下的行动优先级可以由 $q_\pi(s, a)$ 决定。

$$q_\pi(s, a) = \mathbb{E}_\pi[R_{t+1} + \gamma v_\pi(S_{t+1}) \mid S_t = s, A_t = a] \tag{4.8}$$

$$= \sum_{s'} \sum_r p(s', r \mid s, a)[r + \gamma v_\pi(s')] \tag{4.9}$$

因此，具有最大 Q 值的行动为

$$\begin{aligned} \pi^*(s) &= \operatorname{argmax}_a q_\pi(s, a) \\ &= \operatorname{argmax}_a \sum_{s'} \sum_r p(s', r \mid s, a)[r + \gamma v_\pi(s')] \end{aligned} \tag{4.10}$$

其中，argmax_a 表示使表达式最大化的 a 值（关系会被任意打破）。

策略改进定理[159] 证明了这种贪心的行动选择总会带来更好的策略（或至少不会更糟的策略）。基于这一事实可以看出，如果对策略评估和策略改进进行迭代（见图 4-2），该算法可以收敛至一个最优策略和一个稳定的值函数，这被称为策略迭代。代码如算法 6 所示。 $\boxed{75}$

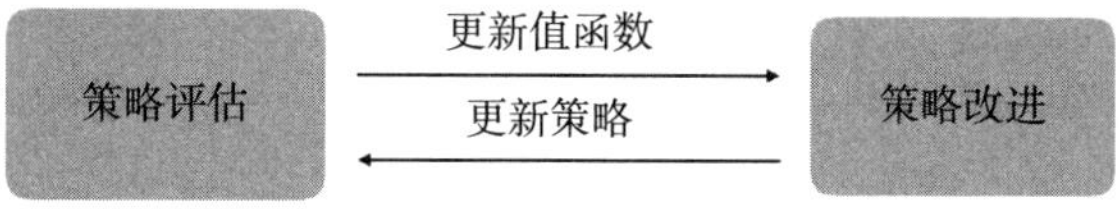

图 4-2　策略迭代：值函数与策略函数之间的相互作用将一直持续，直到收敛于最优策略

Algorithm 6   Policy Iteration

1: **Input**: MDP model and an arbitrary policy π
2: **Output**: policy $\pi \approx \pi^*$
3: Initialize a random value array $v_\pi(s), \forall s \in \mathcal{S}$
4: **repeat**
5:    $\hat{v}(s) \leftarrow v_\pi, \forall s \in \mathcal{S}$
6:    Update v_π by policy evaluation in Algorithm 5
7:    Update π based on policy improvement (4.10)
8:    $\Delta \leftarrow \max\{|v_\pi - \hat{v}(s)|, \forall s \in \mathcal{S}\}$
9: **until** $\Delta < \theta$ (a pre-assigned small positive number)

证明策略迭代最终会收敛于最优策略是很容易的。当存在最终状态或者折扣因子 $\gamma < 1$ 时，这种收敛就可以得到保证。实际上，这两个条件在理论上是等价的。只要决策的长度 n 增加，则 $\gamma^n \to 0$。一旦 $\gamma^n \to 0$，后续状态将不会对当前状态产生任何影响，因此该序列可以被视为"已终止"。这两种情况都保证了决策过程将在有限的步骤内结束。

策略迭代法示例

示例 4.2   网格世界

网格世界是强化学习算法测试中应用最为广泛的经典例子。网格世界的最终目标是引导机器人绕过障碍物回家。图 4-3 展示了一个网格世界地图。假设机器人提前知道地图信息，则 MDP 模型如下所示。

状态（$\mathcal{S}$）：除了可以被视为状态的障碍，每个网格均由（横坐标，纵坐标）表示。最终状态即是机器人的目的地（图 4-3 中的旗帜标志）。

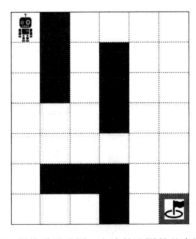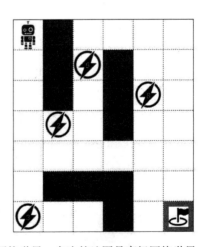

图 4-3   网格世界地图。左边的地图是基本网格世界，右边的地图是高级网格世界，其中的"闪电"图标表示一个电站，里面的数字表示相应的电量储备

行动（$\mathcal{A}$）：左 (L)、右 (R)、上 (U)、下 (D)。

奖励（$\mathcal{R}$）：存在许多不同的奖励策略，例如，可以将到达目的地的奖励设置为1，其余状态设置为 0。

转移（$\mathcal{T}$）：确定了状态和行动，就确定了转移概率，例如 $p((1,1)|(2,1),U)=1$。

下文将分别介绍基本的和高级的网格世界问题。

基本网格世界：机器人从 (1,1) 开始，以最少的步数到达终点 (7,6)。

高级网格世界：假设机器人一开始的电量是 10，最大电池容量是 15。每走一步会消耗 1 单位的电量。在每一步中，机器人只能完成单次行动，即继续行走或停下充电。同时，图中还显示了一些储存电量不等的供电站点编号。每个电能供应站只能充电一次。

图 4-4 展示了上述强化学习问题的基于模型的解决方案。读者可以编写程序来验证这些解决方案，还可以进一步思考 MDP 动态规划解决方案和最短路径算法（Dijkstra 算法）之间的关系。

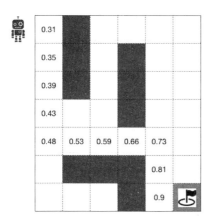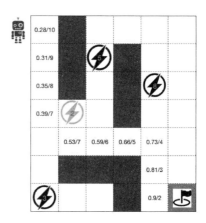

图 4-4　两种网格世界中机器人"回家"的最优路径。假设 $\gamma=0.9$。地图上带数字的轨迹
　　　　为最优轨迹，轨迹上的数字代表状态值。右边地图上的值 (A/B) 是指网格内机器
　　　　人的状态值 A 和剩余电量 B 的比值，已使用的充电器呈现半透明状态

4.2.2　价值迭代法

策略迭代法的缺点显而易见：在每一次迭代过程中，在值函数达到收敛之前，策略评估需要多次遍历所有状态，而只有在值函数达到收敛时，才会更新当前策略。在更新值函数后立即更新策略是否会更省时？答案当然是肯定的，这种方法被称为价值迭代（value iteration）。

值得注意的是，综合式（4.7）和式（4.10），可以实现价值迭代，即不使用期望值来更新值函数，而是使用所有行动中的最大值更新值函数：

$$v(s) = \max_{a \in \mathcal{A}} \sum_{s'} \sum_{r} p(s',r \mid s,a)(r + \gamma \cdot v_\pi(s'))$$
$$= \max_{a \in \mathcal{A}} (r(s,a) + \gamma \sum_{s'} p(s' \mid s,a)v(s')) \tag{4.11}$$

77
ℓ
78

需要注意的是，在式（4.11）中，在 $k+1$ 时刻，$\forall s \in \mathcal{S}$ 的更新 $v(s)$ 是由贝尔曼最优方程在 k 时刻的值 $v(s')$ 确定的，算法 7 展示了价值迭代的完整算法。与策略迭代相比，价值迭代虽然改变了更新顺序，但事实证明这两种算法得到的最优策略是相同的。

Algorithm 7   Value Iteration

1: **Input**: MDP model and an arbitrary policy π
2: **Output**: policy $\pi \approx \pi^*$
3: Initialize a random value array $v_\pi(s), \forall s \in \mathcal{S}$
4: **repeat**
5:     $\Delta \leftarrow 0$
6:     **for** $s \in \mathcal{S}$ **do**
7:         $v' \leftarrow v(s)$
8:         Update $v(s)$ based on (4.11)
9:         $\Delta \leftarrow \max(\Delta, |v(s) - v'|)$
10:    **end for**
11: **until** $\Delta \leqslant \theta$ (a pre-assigned small positive number)
12: $\pi \leftarrow \operatorname{argmax}_a r(s,a) + \gamma \sum_{s'} p(s'|s,a)v(s'), \forall s \in \mathcal{S}$
13: **return** π.

为了加深对上述算法的理解，读者可以用价值迭代法重写网格世界程序，并将该算法与策略迭代法进行比较（如比较两者的收敛速度和收敛值）。

4.2.3　异步动态规划

到目前为止，我们已经讨论了同步 DP 方法。然而，这类方法有两大缺点：（1）需要在每次迭代时遍历整个状态空间，如果状态空间非常大，这种遍历将消耗大量的时间和计算成本；（2）由于需要同步更新状态值，智能体需要在每次遍历状态时，存储值函数的两个副本，即式（4.11）中获得的所有新值和式（4.11）中用于更新的所有旧值。如果状态空间庞大，则需要提高对存储内存的要求。因此，我们引入了异步 DP 的方法来改善这些问题。可以将异步 DP 视为一种通过利用任何可用值来按顺序更新状态值，从而加快迭代速度的方法。但是，由于这种异步特性，可

79

能会出现在某个状态被第一次更新之前，某些状态已经被更新多次的情况。此外，并不能保证异步 DP 比策略迭代或价值迭代等同步 DP 收敛得更快，但是异步 DP 可以避免遍历状态空间的大量工作。

通常，有两种类型的异步策略：实时更新和优先级扫描。对于实时更新，智能体会根据式（4.11）的贝尔曼方程在每个时间步选择一个特定的状态 s_t 去更新状态值 $v(s_t)$。智能体将按照过往的经验选择每个时间步更新的状态，因此可以适当设计选择规则。而优先级扫描则会根据贝尔曼误差对状态进行排序，并始终优先更新贝尔曼误差值最大的状态，贝尔曼误差为：

$$|r(s,a)+\gamma \sum_{s' \in \mathcal{S}} p(s' \mid s,a)v(s')-v(s)|$$

算法 8 和算法 9 分别给出了两种异步 DP 算法的代码。

Algorithm 8　Asynchronous DP - Real-Time Update

1: **Input**: MDP model and an arbitrary policy π
2: **Output**: policy $\pi \approx \pi^*$
3: Initialize a random value array $v_\pi(s), \forall s \in \mathcal{S}$
4: $\Delta \leftarrow 0$
5: **repeat**
6:　　select state s_t using agent's experience
7:　　$v' \leftarrow v(s_t)$
8:　　Update $v(s_t)$ by (4.11)
9:　　$\Delta \leftarrow \max(\Delta, |v(s_t) - v'|)$
10: **until** $\Delta \leqslant \theta$
11: $\pi(s) \leftarrow \mathrm{argmax}_a r(s,a) + \gamma \sum_{s' \in \mathcal{S}} p(s'|s,a)v(s'), \forall s \in \mathcal{S}$
12: **return** π.

Algorithm 9　Asynchronous DP - Prioritized Sweeping

1: **Input**: MDP model and an arbitrary policy π
2: **Output**: policy $\pi \approx \pi^*$
3: Initialize a random value array $v_\pi(s), \forall s \in \mathcal{S}$
4: $\Delta \leftarrow 0$
5: **repeat**
6:　　**if** not exist a priority queue **then**
7:　　　　Initialize a new priority queue with $v(s)$ as its elements
8:　　**end if**
9:　　Select the state s with the maximum Bellman error from the priority queue

10:     $v' \leftarrow v(s)$
11:     Update $v(s)$ by (4.11).
12:     Calculate Bellman error $e \leftarrow |v(s) - v'|$.
13:     $\Delta \leftarrow \max(\Delta, e)$
14:     Update the priority queue with e.
15: **until** $\Delta \leqslant \theta$
16: $\pi(s) \leftarrow \mathrm{argmax}_a r(s, a) + \gamma \sum_{s' \in \mathcal{S}} p(s'|s, a)v(s'), \forall s \in \mathcal{S}$
17: **return** π.

4.3   部分可观察马尔可夫决策过程

在 MDP 中，前提条件是智能体对环境有充分的了解。然而，部分可观察 MDP（POMDP）在现实中更为常见。在部分可观察 MDP 中，智能体并不直接了解当前状态的信息。它只能对潜在的状态进行间接观测，并基于历史观察信息对真实状态进行估计。

以网格世界为例，如图 4-5 所示，如果一个机器人仅了解其周围的邻近网格，在模拟机器人导航回家问题中，部分可观察 MDP 会比 MDP 呈现更好的导航结果。如果这里沿用经典的 MDP 并使用相邻的网格信息来定义状态，那么当其周围环境相似时，智能体将无法正确判断周围环境，因而会采取完全相同的行动。显然，这样做很可能使智能体陷入某个死循环。在实际应用中，部分可观察 MDP 在机器人、金融和医疗等许多领域都有广泛的应用，在这些环境中，智能体接收到的信息通常是不完整或有噪声的。例如，当医生制定治疗计划时，他们可能没有患者身体状况的全部信息。医生们所能做的就是依靠不同的生物指标和过去的经验来做决定。

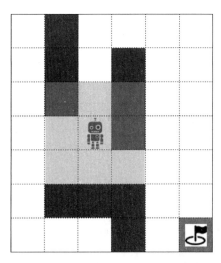

图 4-5   部分可观察网格世界。考虑到相邻网格中只有浅灰色和深灰色的方块是可观察的，机器人将无法判断自己位于整个地图的哪个网格上

不同于 MDP，部分可观察 MDP 在原始 MDP 中引入了新的观测变量 Ω 和相应的观测函数 $\mathcal{O}$。因此，部分可观察 MDP 可以表示为形如 $(\mathcal{S}, \mathcal{A}, \mathcal{R}, \mathcal{T}, \Omega, \mathcal{O})$ 的数组：

1）$\mathcal{S}$、$\mathcal{A}$、$\mathcal{R}$、$\mathcal{T}$：如 MDP 相关内容所述，$\mathcal{S}$ 和 $\mathcal{A}$ 分别表示状态空间和行动空间，$\mathcal{R}(s,a)$ 是状态 s 和行动 a 的奖励函数，$\mathcal{T}(s,a,s')$ 表示转移概率 $p(s'|s,a)$。

2）Ω：观测空间。

3）$\mathcal{O}$：观测函数。对于行动 a 和结果状态 s'，观测函数给出了基于可能观测的概率分布，如 $P_r(O_{t+1}=o \mid A_t=a, S_{t+1}=s') \in \mathcal{O}$。

信度状态 MDP

由于智能体无法识别其当前状态，所以最佳选择是保留状态的概率分布，再根据实时观测更新该概率分布。根据这一想法，可以将部分可观察 MDP 转换为 MDP 或信度状态 MDP。具体而言，如图 4-6 所示，信度状态 MDP 由一个状态估计器和一个策略 / 控制器组成。状态估计器会更新涵盖过去经验的内部信度状态 b，而控制部分（策略 π）将基于信度状态 b（而不是世界的真实状态）生成最佳行动。

81
～
82

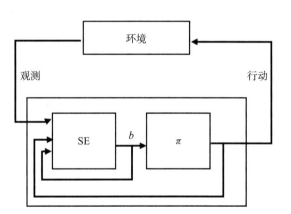

图 4-6　部分可观察 MDP 的分解。SE 表示状态估计器，π 是控制策略

特别的是，信度状态 $b_t(s)$ 被定义为给定过往经验在 t 时刻停留在状态 s 的概率：

$$b_t(s) = Pr(S_t=s \mid b_0,a_0,o_1,\cdots,b_{t-1},a_{t-1},o_t)$$
$$= Pr(S_t=s \mid b_{t-1},a_{t-1},o_t)$$

因为第一个等式中的 $b_t \in \mathcal{B}$ 是一个充分统计量，所以从相同的历史中计算出的任何统计量都不能提供更多的信息 [182]，由此证明第二个等式成立。另外，由于 $\sum_{s \in \mathcal{S}} b_t(s)=1$，信度状态 b 对应的转换函数如下：

$$
\begin{aligned}
p(b' \mid b, a) &= \sum_{o \in \Omega} p(o, b' \mid a, b) \\
&= \sum_{o \in \Omega} p(b' \mid a, b, o) p(o \mid a, b) \\
&= \sum_{o \in \Omega} p(b' \mid a, b, o) \sum_{s' \in \mathcal{S}} p(o, s' \mid a, b) \\
&= \sum_{o \in \Omega} p(b' \mid a, b, o) \sum_{s' \in \mathcal{S}} p(o \mid a, s', b) p(s' \mid a, b) \\
&= \sum_{o \in \Omega} p(b' \mid a, b, o) \sum_{s' \in \mathcal{S}} p(o \mid a, s') p(s' \mid a, b) \\
&= \sum_{o \in \Omega} p(b' \mid a, b, o) \sum_{s' \in \mathcal{S}} p(o \mid a, s') \sum_{s \in \mathcal{S}} p(s' \mid a, s) b(s)
\end{aligned}
\tag{4.12}
$$

其中，

$$
p(b' \mid a, b, o) = \begin{cases} 1, & b_o^a = b' \\ 0, & 否则 \end{cases}
$$

若 a 和 o 已知，信度状态 $b_o^a(s')$ 可更新为：

$$
\begin{aligned}
b_o^a(s') &= p(s' \mid b, a, o) \\
&= \frac{p(s', o \mid b, a)}{p(o \mid b, a)} \\
&= \frac{p(o \mid s', b, a) \sum_{s \in \mathcal{S}} p(s' \mid s, a) b(s)}{\sum_{s' \in \mathcal{S}} p(o \mid s', b, a) p(s' \mid b, a)} \\
&= \frac{p(o \mid s', b, a) \sum_{s \in \mathcal{S}} p(s' \mid s, a) b(s)}{\sum_{s' \in \mathcal{S}} p(o \mid s', a) p(s' \mid b, a)} \\
&= \frac{p(o \mid s', a) \sum_{s \in \mathcal{S}} p(s' \mid s, a) b(s)}{\sum_{s' \in \mathcal{S}} p(o \mid s', a) \sum_{s \in \mathcal{S}} p(s' \mid s, a) b(s)}
\end{aligned}
$$

其中，默认 $p(o \mid s', b, a) = p(o \mid s', a)$ 为模型的一部分。智能体仅会按照策略执行信度状态转移行动，并根据上式更新信度状态。若给定信度状态，最终目标将变成最大化折扣信度奖励的期望总和：

$$
r(b, a) = \sum_{s \in \mathcal{S}} r(s, a) b(s)
$$

总之，任一部分可观察 MDP 都可以等价地转化为上述的连续信度状态 MDP。因此，如价值迭代和策略迭代等查找 MDP 最优策略的算法，均可以用于部分可观察 MDP 以搜索最优策略。例如，为了进行价值迭代，信度状态 MDP 的贝尔曼最优方程可表示为式（4.13）：

$$v(b) = \max_{a \in \mathcal{A}} [r(b,a) + \gamma \sum_{b' \in \mathcal{B}} p(b' \mid a,b)v(b')] \tag{4.13}$$

其中，$p(b'|a,b)$ 可由式（4.12）推导出。

但是，由于 b 是一个连续变量，意味着值函数 $v(b)$ 有无限空间。因此，为了减少空间搜索任务，必须找出潜在的模式并对值函数进行良好的逼近。Sondki[154] 证明了关于信度状态的值函数是分段线性凸（Piece-Wise Linear Convex，PWLC）函数。为了解释清楚式（4.13）是分段线性凸函数的原因，需要了解两个新的概念：策略树和 α 向量，有兴趣的读者可以参阅相关主题的文献以了解更多详情。

84

4.4　连续马尔可夫决策过程

连续 MDP 可分为连续状态 MDP 和连续时间 MDP。在连续状态 MDP 中，$\mathcal{S}$ 或 $\mathcal{A}$ 均为连续空间而不是有限集合。因此，状态转移函数 $p(s'|a,s)$ 就变成了与 (s,a,s') 有关的连续函数。相反，在连续时间 MDP 中，智能体不再逐步移动，而是沿着连续时间范围移动，这意味着决策之间的间隔不是常值而是控制变量。下面继续讨论连续状态 MDP 的相关内容，感兴趣的读者可以阅读文献 [51，19] 中关于两种连续 MDP 的更详细的资料。

在现实世界中，连续状态 MDP 无处不在。例如，例 4.1 中的状态是连续估计误差，攻击信号（行动）也是连续变量。如果想在连续状态 MDP 上延续使用离散 MDP 算法，最直接有效的方法是利用离散化方法（Discretization Method，DM）。离散化方法能将连续空间离散成一个有限集，然后通过策略迭代或价值迭代来寻找最优策略。可以采用网格世界等平均分割策略使空间离散化，也可以采用连续 U 树 [168] 等高级聚类方法对空间进行类分割。但是，离散化方法会面临维度灾难。假设 $\mathbb{R}^n$ 中存在一个连续空间 $\mathcal{S}$，如果将每个维度划分为 k 个等间距，则离散状态空间的大小将为 k^n（相对于维度 n 呈指数增长）。因此，离散化方法无法为许多实际的复杂问题提供可行的解决方案。下面简要介绍用于处理连续状态 MDP 的替代技术。

4.4.1　惰性近似

到目前为止，最佳值函数始终以查询表的形式呈现，在查询表中每个状态都与唯一值相关联。但是，状态变为连续变量使得表不能很好地扩展，因此必须采用函数近似的方法来代替查询表。如 4.3 节中部分可观察 MDP 相关内容所述，关于信度状态的值函数可以概括为由一组线性向量表示的分段线性凸函数。惰性近似（Lazy Approximation，LA）[85] 则利用了相似的思想，提供了比离散化方法更有效的解决

85

方案。

首先，惰性近似方法将连续状态转移函数 $p(s'|a,s)$ 近似为分段线性（Piece Wise Linear，PWL）函数，然后给出了连续状态 MDP 的贝尔曼最优方程：

$$v_{t+1}(s) = \max_{a \in \mathcal{A}}[r(s,a) + \int_{\mathcal{S}} p(s'|a,s)v_t(s)\mathrm{d}s] \qquad (4.14)$$

其中，积分为状态转移函数和值函数的卷积。

由于 $p(s'|a,s)$ 是分段线性函数，因此假设初始值函数 v_0 是分段常值（PieceWise Constant，PWC）函数。当式（4.14）中的贝尔曼方程更新一步之后，值函数将演变为分段线性函数。然而，如果再进行一次更新，分段线性函数将变成分段二次函数。为了保留值函数的分段线性性质，如图 4-7 所示，惰性近似算法将分段线性函数重新近似为分段常值函数。

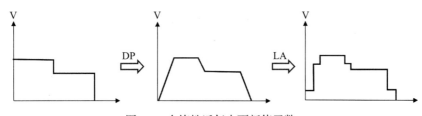

图 4-7　在惰性近似中更新值函数

由于值函数周期性地保持分段线性常值状态，一些相邻状态可以共享相同的状态值。从某种程度上理解，这一方式类似于离散化方法。但是，离散化方法会均匀地将空间离散化，而惰性近似将基于之前的分段线性函数完成分段常值近似，因此时间间隔不等。此外，惰性近似使用连续转移函数执行贝尔曼更新，而离散化方法则是通过引入附加误差将连续转移函数离散化。因此，一般来说惰性近似在应用层面上将优于离散化方法。

4.4.2　函数近似

本节将进一步讨论函数近似（Function Approximation，FA）。可以看出，惰性近似是函数近似的一个特例，它将连续值函数近似为一个分段常值函数。在过去的几十年里，许多文献研究了基本的线性近似和深度神经网络等各类函数近似方法。假设函数近似由 $v(s) = f(s;w)$ 表示，其中 w 是函数近似的参数，可以通过将贝尔曼残差值 L 最小化来获得最佳值函数（或参数 w），即基于贝尔曼方程（4.15）得出当前状态值与其下一状态估计值 $r + \gamma v(s')$ 之间的误差：

$$L = \frac{1}{N} \sum_{i=1}^{N} \sum_{s} [r_i + \gamma v_i(s') - v_i(s)]^2 \tag{4.15}$$

其中，N 表示从智能体的训练经验中获得的 N 个样本。可以采用基于梯度的方法或使用神经网络反向传播 [140] 的方法来迭代更新 w，直到获得最佳 w。第 6 章会详细讨论函数近似方法。不同函数近似方法的最优性和时间效率等相关问题可以参阅文献 [184,12]。

4.5　本章小结

基于模型的强化学习在能够提供完整环境底层动态信息的应用中非常有用。与无模型方法相比，由于动态化的模型是已知的，训练样本的需求量会大大减少（将在第 5 章中进行讨论）。此外，基于模型的方法能够比无模型方法更好应对某些特定应用只有较少训练样本的情况。例如，在临床循环决策支持中，要求智能体从患者的电子健康记录（Electronic Health Record，EHR）中学习，并在患者准备好接受治疗（如肺部通气）时提醒看护者。在此类医疗应用中，患者数据往往较少且不规则，因此有必要建立一个良好的模型来提高学习效率。

本章主要介绍了两种基于动态规划的 MDP 解决方案：策略迭代和价值迭代。策略迭代法可以分为两个阶段性任务：首先评估值函数；然后根据贪心策略更新当前策略。价值迭代则将这两个步骤集成一体，并在值函数更新后立即更新策略。考虑到状态空间可能非常大的情况，本章进一步介绍了异步价值迭代方法以节省内存并加快更新速度。但是，从根本上说，所有基于动态规划的方法都可能遭遇维度灾难，这意味着，如果用此类方法应对状态空间过大或连续的情况时，将耗费大量的时间并且处理过程相当棘手。作为被广泛用于解决此类问题的技术，函数近似将在后面章节中进行进一步介绍。此外，由于在实际应用中该智能体可能无法直接访问状态，因此本章还介绍了部分可观察 MDP（POMDP），并证明了所有部分可观察 MDP 都可以转换为信度状态 MDP。

此处需要指出，到目前为止讨论的所有 MDP 都是集中式问题。也就是说，环境中只有一种智能体。但是，许多实际的信息物理系统都具有多智能体系统特征。例如，在传感器网络中，数十个分布式传感器需要相互协调才能执行大规模的传感任务。这类问题大都可以模型化为所谓的分散式 MDP（Decentralized MDP，Dec-MDP）。集中式 MDP 和分散式 MDP 之间的主要区别在于，分散式 MDP 中的智能体之间存在等待时间，所以其中一个智能体无法及时了解其他智能体的当前状态或行动。因此，用于解决集中式 MDP 的方法不能直接应用于分散式 MDP。在这一领域进行的相关研究可以参阅文献 [16，35]。

87

4.6 练习

4.1 在哪些情况下更倾向使用动态规划？哪些情况下更倾向使用近似动态规划？

4.2 解释无限视界问题中折扣因子的作用。小值折扣因子有什么作用？大值折扣因子呢？

4.3 观察如图 4-8 所示的基于模型的 MDP 问题：线上的数字表示采取该行动的概率，而 r 是采取相应行动的奖励。

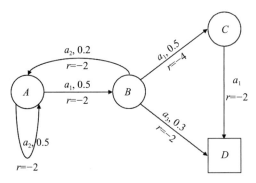

图 4-8 基于模型的 MDP

a）利用矩阵形式的贝尔曼方程求状态值（$\gamma = 0.5$）。

b）设所有状态的初始值为 0，且折扣因子 $\gamma = 1$，如果智能体遵循图中给出的策略，求策略迭代评估算法前两步 $k = 1$ 和 $k = 2$ 时所有状态的值。

c）基于问题 b 求出的状态值，使用价值迭代方法更新 $k = 3$ 时所有状态值。

d）总结价值迭代和策略迭代的区别。

4.4 观察如图 4-9 [129] 所示的 MDP 模型（折扣因子 $\gamma = 0.5$）。A、B、C 代表状态；弧线表示状态转换；ab、ba、bc、ca、cb 表示行动；有符号小数为转移概率。

a）均匀随机策略 $\pi(s,a)$ 表示状态 s 后的所有行动的概率相同。在这一前提条件下，从初始值函数 $V_1(A) = V_1(B) = V_1(C) = 2$ 开始，应用迭代策略评估的同步迭代（即，每个状态一个备份）来计算新的值函数 $V_2(s)$。

b）应用贪心策略更新当中的一次迭代来计算新的确定性策略 $\pi(s)$。

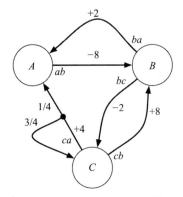

图 4-9 ABC MDP 模型 [129]

4.5 在价值迭代算法的每次迭代中，可以通过"max"操作提取当前的最佳策略。举例说明，步骤 k 时的最佳策略与步骤 $k+1$ 时的最佳策略相同。在这种情况下，策略会随着值函数的进一步迭代而再次更改吗？

4.6 针对奖励和转移函数确定的模型，请使用 Q 值而不是状态值在价值迭代中导出更新方程。

4.7 解释异步价值迭代和标准价值迭代的区别，以及异步价值迭代中状态排序的重要性。

4.8 （小型网格世界，文献 [159] 中例 4.1）可参考图 4-11 所示的 4×4 网格世界。非终结状态为 $1,2,3,\cdots,14$。在每个状态中有四种可能操作（向上、向下、向左、向右）。达到最终状态前，所有转换奖励均为 -1。任何脱离网格的操作都不会改变状态。最终状态（两个位置）在图中以阴影显示。假设智能体是等概率的随机策略（所有操作等可能）和折扣因子 $\gamma = 1$。如果运行基于贝尔曼期望方程的迭代策略评估（同步更新），并在步骤 $k=0$ 时，针对 $i = 1, 2, \cdots, 14$，初始化所有状态值 $V(i)=0$（终端状态每一步的状态值均为 0），求 $k = 1$ 和 $k = 2$ 时的 $V(1)$ 和 $V(2)$。

4.9 如图 4-10 的网格世界所示，智能体的位置由可能状态（即，每个方形框的总共 9 个状态）上的概率分布表示，求该网格世界的信度状态，并解释为什么 POMDP 被称为"信度状态 MDP"，并解释为什么 POMDP 很难解决（例如使用价值迭代方法）。

4.10 假设你想避免两辆车在近距离内碰撞，而其中一辆车的智能体希望找到避免碰撞的策略，需要将这种情况建模为 POMDP 还是 MDP？为什么？

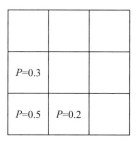

图 4-10 部分状态可观察的网格世界：框中的数字表示智能体停留在该框中的概率

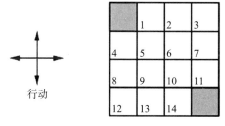

行动

图 4-11 小型网格世界 [159]

第 5 章

无模型强化学习

5.1 引言

在第 4 章中我们知道，对于基于模型的强化学习中的智能体，环境中的奖励函数和状态转移函数都是已知的。也就是说，智能体知道马尔可夫决策过程（MDP）的所有变量元素，并能够在真实环境中执行行动之前计算出最优方案。通常，这一过程被称为规划，第 4 章中介绍的所有算法（例如，价值迭代、策略迭代等）均为经典规划算法。

但在大多数情况下，智能体在交互前很难认知环境。尤其是，智能体完全不知道环境将如何回应其行动，也不知道该行动所对应的即时奖励，就像导航机器人在探索一个未知的地下洞穴，自动驾驶车辆努力避免道路上不可预测的碰撞。完全不同于规划问题，这类极具挑战的实际任务激发了强化学习的最大优势，即无模型强化学习。无模型强化学习的基本理念在于：智能体试图根据历史经验采取行动，观察环境反应，然后获得从长远上看的最优策略。

本章将首先介绍用于策略评估的无模型方法，即强化学习预测，使用值函数 $v_\pi(s)$ 对固定的任意策略 π 进行预测。接下来，本章将讨论用于最优策略搜索的无模型方法，即强化学习控制，通过迭代方式找到策略，使得值函数最大化。

5.2 强化学习预测

通过估计值函数 $v_\pi(s)$ 评估给定策略的方法有很多。本节将介绍两种典型方法：蒙特卡罗（Monte Carlo）和时序差分（Temporal Difference），在此基础上可以研究更复杂的方法。

5.2.1 蒙特卡罗学习

与动态规划不同，蒙特卡罗方法无须智能体明确地知道环境模型，相反，它可以直接从采样的经验中学习。大多数情况下，蒙特卡罗方法适用于有完整状态的回合任务，无论在同一个回合（episode）的每一步中采取何种行动，智能体总能够在有限时间内经历起始状态、最终状态并获得奖励。

为了评估状态值，我们在动态规划中使用贝尔曼期望方程，通过利用已知的 MDP 模型求得数值 $v_\pi(s)$。然而，在蒙特卡罗方法中，智能体则通过计算出一系列回合的返回值的平均值来估计它的实际期望。例如，为了评估当前策略，智能体会在当前策略下尝试多个回合。一个完整的回合是由随机选择的起始状态和带有回报（return）值的最终状态组成的。为了评估状态值，对于一个确定的状态，我们需要基于多个回合的经验来计算回报值的平均值。现有两种广泛使用的蒙特卡罗方法：first-visit 蒙特卡罗方法和 every-visit 蒙特卡罗方法。

first-visit 蒙特卡罗方法：对于每一个回合，在最终状态前，智能体可能会多次访问某一特定状态。但是，在计算某一状态的值（即该状态回报值的平均值）时，只利用智能体第一次访问该状态时的回报值。用 $G_{ij}(s)$ 表示在第 i 个回合第 j 次访问状态 s 时的状态 s 回报值，对于 first-visit 蒙特卡罗方法，状态 s 的值计算如下所示：

$$v_{t+1}(s) = \frac{G_{11}(s) + G_{21}(s) + G_{31}(s) + \cdots + G_{t1}(s)}{N_t(s)}$$

其中，$N_t(s)$ 是在第 t 个回合中对状态 s 首次访问（first visit）的总数。由上式可发现回报值 $G_{ij}(s)$ 是对 $v_\pi(s)$ 独立同分布的估计。因此，根据大数定律，若 $N_t(s) \to \infty$，则 $v(s) \to v_\pi(s)$。算法 10 总结了 first-visit 蒙特卡罗方法。

Algorithm 10　First-Visit Monte-Carlo Prediction

1: **Input**: Policy π to be evaluated, an arbitrary state-value function $v(s)$, an empty list of total return $\hat{G}(s)$ for all $s \in \mathcal{S}$
2: **Output**: State value function $v(s)$
3: **Repeat forever**: Use current policy π to generate an episode i
   In the episode, for each state s:
   1. Record the return $G_{i1}(s)$ following the first occurrence of s
   2. Append return to the total return $\hat{G}(s)$
   3. Assign the average return $\frac{\hat{G}(s)}{N(s)}$ to the corresponding state value function $v(s)$

---

every-visit 蒙特卡罗方法：在每一个回合中，智能体每次访问该状态时的回报值都会被用于计算总的回报值，因此对于 every-visit 蒙特卡罗方法，状态 s 的值计算公式为

$$v_{t+1}(s) = \frac{G_{11}(s) + G_{12}(s) + \cdots + G_{21}(s) + G_{22}(s) + \cdots + G_{t1}(s) + G_{t2}(s) + \cdots}{N_t(s)}$$

其中，$N_t(s)$ 是在一系列回合中对状态 s 的总访问次数，t 是回合的数目。与 first-visit 蒙特卡罗方法不同，在同一个回合中多次访问某一状态的回报值之间具有某种程度的相关性，因此回报值 $G_{ij}(s)$ 不再是独立同分布的。尽管如此，文献 [152] 显示了 $v(s)$ 同样会收敛到 $v_\pi(s)$。

需要注意的是，上述算法的一个主要缺点在于智能体在预测状态值 $v_\pi(s)$ 前需要记住所有的回报值 $G_{ij}(s)$。而处理该问题的一种方法是以迭代方式实现上述算法，即一个回合紧接一个回合。例如，first-visit 蒙特卡罗方法按如下方式进行迭代：用 $G_{t+1}(s)$ 表示第 $t+1$ 个回合的回报值，当完成第 $t+1$ 个回合时，状态值更新如下：

$$
\begin{aligned}
v_{t+1}(s) &= \frac{G_{11}(s) + G_{21}(s) + \cdots + G_{t1}(s)}{N_t(s)} \\
&= \frac{v_t(s) N_{t-1}(s) + G_{t1}(s)}{N_t(s)} \\
&= \frac{v_t(s)(N_t(s) - 1) + G_{t1}(s)}{N_t(s)} \\
&= v_t(s) + \frac{1}{N_t(s)}(G_{t1}(s) - v_t(s))
\end{aligned}
\tag{5.1}
$$

如此一来，智能体仅需要在每次迭代中存储值 $v_t(s)$ 和 $N_t(s)$。但是，为了获得最优策略，仅了解状态值是不够的。给定一个起始状态，最佳的策略是采取能够获得最大回报值的行动，回报值为（采取这一行动生成的）奖励值总数和下一状态值之和。换句话说，需要预测当起始状态为 s 时，采取行动 a 得到的回报值期望，即状态 – 行动值 $q_\pi(s,a)$。同样，可以采用与估算 $v_\pi(s)$ 相同的方式将蒙特卡罗方法用于估算 $q_\pi(s,a)$。但应该注意，某些状态 – 行动对可能在训练的回合中并未出现过。而对于确定性策略 π，从一个状态出发，只能得到一个行动值。因此，从这一状态开始的所有其他行动值将始终为零。如果智能体想改进策略，此事实可能会引发麻烦，因为策略需要比较从一个状态开始的所有可能的行动值。为解决该问题，名为探索起始（exploring starts）的方法则是让每一个回合中，任何状态 – 行动对出现的起始概率都非零。随着回合的数量增加到无穷大，所有状态 – 行动对将被无限次访问。

到目前为止，环境或过程都是假设为平稳的，而大多数现实世界的回合却都是非平稳的。因此，相较过去的回报值，近期回报值应该分配更大权重。因此，用于非平稳过程的蒙特卡罗方法可以通过如下迭代方式实现：

$$
v_{t+1}(s) = v_t(s) + \alpha(G_t - v_t(s))
\tag{5.2}
$$

其中，$\alpha \in (0,1]$ 指的是固定步长。通过扩展上述迭代，得到以下公式：

$$v_{t+1}(s) = (1-\alpha)^t v_1(s) + \sum_{i=1}^{t} \alpha(1-\alpha)^{t-i} G_i$$

从中可以发现权重在过去的回报值中呈指数减少。

5.2.2 时序差分学习

对于动态规划，智能体需要知道与环境模型有关的知识（例如奖励和状态转移矩阵），同时当前状态值的更新依赖于其他状态值，即自举法（bootstrapping），而蒙特卡罗方法则是通过回合经验进行学习。因此，蒙特卡罗方法必须持续收集奖励。例如，在 first-visit 蒙特卡罗方法中，奖励收集操作将持续到回合结束，然后更新式（5.2）中的值 $v(s)$。如果一个回合很长，则会导致学习过程显著延迟。实质上，这是非自举强化学习方法的主要缺点之一。本节将介绍一种称为时序差分（TD）学习的新方法，它结合了动态规划和蒙特卡罗方法的优点，即动态规划的自举法和蒙特卡罗的无模型采样。在接下来的讨论中，我们假设将强化学习应用于非平稳环境（这可能是最广泛的应用场景）。

1. TD(0)

在式（5.2）中的递归蒙特卡罗方法中，v_π 的估计值 V 的更新取决于当前估计的状态值 $V(S_t)$ 和回合任务中的最新实际返回值 G_t：

$$V(S_t) \leftarrow V(S_t) + \alpha(G_t - V(S_t))$$

TD(0) 的基本理念则是使用估计回报值 $R_{t+1} + \gamma V(S_{t+1})$ 代替实际回合返回值 G_t，如式（5.3）所示：

$$V(S_t) \leftarrow V(S_t) + \alpha(R_{t+1} + \gamma V(S_{t+1}) - V(S_t)) \tag{5.3}$$

其中，$R_{t+1} + \gamma V(S_{t+1})$ 被称为时序差分目标，$\sigma_t = R_{t+1} + \gamma V(S_{t+1}) - V(S_t)$ 被称为时序差分误差。公式表明状态值 $V(S_t)$ 的取值依赖于状态 S_t 在时间 $t+1$ 转移至状态 S_{t+1} 时观测到的瞬时奖励 R_{t+1} 和当前估计值 $V(S_{t+1})$。自举法（即从假设中学习估计）则被用于解决蒙特卡罗中的延迟问题。在各类文献中，这一方法被称为 TD(0)，计算状态值的方法有助于理解为什么要用 TD(0) 中的 $R_{t+1} + \gamma V(S_{t+1})$ 替换 G_t：

$$\begin{aligned} v_\pi(s) &= \mathbb{E}_\pi[G_t \mid S_t = s] \\ &= \mathbb{E}_\pi\left[\sum_{k=0}^{\infty} \gamma^k R_{t+k+1} \mid S_t = s\right] \\ &= \mathbb{E}_\pi\left[R_{t+1} + \sum_{k=1}^{\infty} \gamma^k R_{t+k+1} \mid S_t = s\right] \end{aligned} \tag{5.4}$$

$$= \mathbb{E}_\pi \left[R_{t+1} + \gamma \sum_{k=1}^{\infty} \gamma^{k-1} R_{t+k+1} \mid S_t = s \right]$$

$$= \mathbb{E}_\pi \left[R_{t+1} + \gamma \sum_{k=0}^{\infty} \gamma^{k} R_{t+k+2} \mid S_t = s \right]$$

$$= \mathbb{E}_\pi [R_{t+1} + \gamma v_\pi(S_{t+1}) \mid S_t = s]$$

98

2. TD(λ)

在蒙特卡罗方法中，估计状态值的更新如下所示：

$$V(S_{t+1}) = V(S_t) + \alpha(G_{t+1} - V(S_t))$$
$$= V(S_t) + \alpha(R_{t+1} + \gamma R_{t+2} + \cdots + \gamma^{T-t-1} R_T - V(S_t)) \tag{5.5}$$

其中，$G_{t+1} = R_{t+1} + \gamma R_{t+2} + \cdots + \gamma^{T-t-1} R_T$ 为智能体在一个回合当中于时间步 t 从状态 s 开始，于时间步 T 终止的回报值。在 TD(0) 中，通过使用 $R_{t+1} + \gamma V(S_{t+1})$ 估计返回值 G_{t+1}，其中 $V(S_{t+1})$ 是下一状态（即智能体在时间步 $t + 1$ 访问的状态）的期望回报估计值。综上，蒙特卡罗方法使用真正的回报值（如收集直到回合结束的奖励）作为更新状态值的目标。但如果这一个回合很长，那么这种机制可能会导致严重的延迟现象。相反，TD(0) 仅需要瞬时奖励和估计的状态值来更新当前状态值，TD(0) 更新的延迟最小，但真正的下一步状态值 $V(S_{t+1})$ 仍然未知，只能使用估计值。因此，更新的准确性可能会遭到质疑。从这些论述当中可以看出，在估计延迟和准确性之间进行权衡时，蒙特卡罗方法和 TD(0) 可被视为两个极端情况。那么可以设计出一个平衡两者性能的机制吗？

下面将介绍另一种名为 TD(λ) 的机制，它考虑了一步以上的估计回报值，并且将多个估计回报值的加权和作为更新 $V(S_t)$ 的目标。TD(λ) 可形式化表达为：

$$V(S_t) \leftarrow V(S_t) + \alpha(G_t^\lambda - V(S_t))$$

其中

$$G_t^\lambda = (1-\lambda) \sum_{n=1}^{\infty} \lambda^{n-1} G_t^n$$

其中，$\lambda \in [0,1]$ 作为每个 G_t^n 的权重，并且 $\lambda \in [0,1)$ 的权重之和等于 1。最终的估计回报值 G_t^λ 是基于第 1 步、第 2 步……第 n 步回报值的加权总和。此处，第 n 步回报值的定义为：

99

$$G_t^n = R_{t+1} + \gamma R_{t+2} + \cdots + \gamma^{n-1} R_{t+n} + \gamma^n V(S_{t+n})$$

假设在时间步 T 到达了最终状态，此时使用 G_t 表示所有后续的 n 步的回报值，则 G_t^λ 可以被拆分为：

$$G_t^\lambda = (1-\lambda)\sum_{n=1}^{T-t-1} \lambda^{n-1}G_t^n + \lambda^{T-t-1}G_t$$

根据该公式，当 $\lambda = 1$ 时，$G_t^\lambda = G_t$，TD(λ) 则变为式（5.2）中的蒙特卡罗算法。另外，当 $\lambda = 0$ 时，$G_t^\lambda = G_t^1$，意味着 TD(λ) 在式（5.3）中变为 TD(0)。因此，可以将 TD(λ) 看作位于蒙特卡罗和 TD(0) 之间的强化学习方法。

根据 G_t^λ 的定义可以发现，对于 $\lambda \in (0,1]$，当前的时间步 t 的估计回报值取决于将来的完整回合，换句话说，智能体需要等到回合结束才能获取 G_t^λ。这一事实与蒙特卡罗方法面临着同样的弊端。延时过久的问题可通过利用资格痕迹机制来实现 TD(λ) 的方式解决，文献 [159] 对此进行了详细介绍。

最后需要指出，估计当前策略 π 下状态 – 行动值 $q_\pi(s,a)$ 的方法，与上述估计 $v_\pi(s)$ 的方法相同。

5.3　强化学习控制

已知给定策略下的值函数的估计方法后，本节将学习一种（近）最优策略——强化学习控制。下面主要介绍在实际应用中广泛使用的控制算法。与预测算法类似，每一种源于相应预测算法的控制算法也都各有利弊。

5.3.1　蒙特卡罗控制

蒙特卡罗控制算法更新策略的过程如下：首先其评估当前策略（E）并获得相应状态 – 行动对的值，然后改进策略（I）并进行下一轮评估和改进，即

$$\pi_0 \xrightarrow{E} q_{\pi_0} \xrightarrow{I} \pi_1 \xrightarrow{E} q_{\pi_1} \xrightarrow{I} \pi_2 \xrightarrow{E} \cdots \xrightarrow{I} \pi^* \xrightarrow{E} q_{\pi^*}$$

其中，π^* 和 q_{π^*} 分别表示最优策略和最优状态 – 行动值。请注意，在评估步骤中，采用具有探索起始的蒙特卡罗算法就可以在多轮迭代后评估所有状态 – 行动对上的状态 – 行动值函数 $Q(s,a)$。在改进策略的步骤中，可以使用贪心策略，其中确定每个状态的起始行动的方法如下所示：　　100

$$\pi(s) = \text{argmax}_a Q(s,a)$$

根据策略改进定理（policy improvement theorem），如文献 [159] 的 4.2 节所示，这种贪心策略可确保始终对策略进行改进，直至达到最佳状态。

此外，在所有状态 – 行动值都更新后，不必在策略评估和策略改进间进行交替。换句话说，可以在逐个回合的基础上进行交替。综上所述，蒙特卡罗控制算法的描述如算法 11 所示。

Algorithm 11　Monte Carlo Control

1: **Input**: Arbitrary policy π_0; Arbitrary $Q(s, a)$ values for all states and actions.
2: **Output**: the optimal policy π^*
3: **Repeat forever**:
1. Generate an episode with exploring starts by following the current policy π
2. For each state-action pair (s, a) in an episode, update the $Q(s, a)$ based on the *first visit* or *every visit* Monte Carlo algorithm
3. For each state s in the episode, update the policy as

$$\pi(s) = \mathrm{argmax}_a \, Q(s, a)$$

5.3.2　基于时序差分的控制

5.2 节介绍了包括 TD(0) 和 TD(λ) 在内的 TD 预测算法，本节将介绍几种新的基于状态 – 行动对 TD 预测值的控制算法。在深入研究基于时序差分的控制算法前，首先需要了解两个概念：在线策略学习（on-policy learning）和离线策略学习（off-policy learning）。

1）**在线策略学习**是指，遵循当前策略 π 的经验，对其进行更新。

2）**离线策略学习**是指，基于另一种策略 μ 的经验，对策略 π 进行更新。

稍后将详细讨论这两种不同的学习方法。

1. Q-learning

在 TD(0) 预测中，可以根据瞬时奖励和对下一个状态的估计回报值更新迭代时间步 t 的状态值，即

$$V(S_t) \leftarrow V(S_t) + \alpha(R_{t+1} + \gamma V(S_{t+1}) - V(S_t))$$

受此状态值更新方法的启发，如下所示的（单步）TD 控制（又称为 Q-learning [179]）应运而生，其中状态值被替换为状态 – 行动对值。

$$Q(S_t, A_t) \leftarrow Q(S_t, A_t) + \alpha(R_{t+1} + \gamma \max_a Q(S_{t+1}, a) - Q(S_t, A_t))$$

显然，Q-learning 是一种离线策略控制方法，因为无论当前策略是什么，它都要求

智能体选择最大的状态 – 行动值。算法 12 对 Q-learning 算法进行了总结。

Algorithm 12   Q-learning Algorithm

1: **Input**: Arbitrary $Q(S, A)$ and $Q(\text{terminal state}, \cdot) = 0$
2: **Output**: (near-) optimal policy π^*
3: **Repeat**: for each episode
4: Initialize S
5: **repeat**
6:    Choose action A from state S following the policy π derived by Q (e.g., ε-greedy policy)
7:    Take action A, obtain reward R and the next state S'
8:    Update Q values as

$$Q(S, A) \leftarrow Q(S, A) + \alpha(R + \gamma \max_a Q(S', a) - Q(S, A))$$

9:    $S \leftarrow S'$
10: **until** S is the terminal state

在所有状态 – 行动对一致更新且迭代步长序列满足正常收敛的条件下，Q-learning 算法已被证实收敛到最佳 Q 值。

[102]

2. 示例

示例 5.1 信息物理系统的自适应嵌入式控制 [21]

在信息物理系统中，始终需要嵌入式控制系统（ECS）以控制物理设备。但当前大多数的 ECS 具有固定的系统参数，这些参数是在设计时预先配置的。提高 ECS 效率的一种方法是在线调整采样率和计算设置等 ECS 参数。思考一下图 5-1 所示的车杆摆动任务，由电池供电的处理器 / 执行器生成施加到小车上的推力，控制任务是使杆从下降位置摆动到垂直位置，并通过电池中的有限能量使杆保持直立状态。此类任务的强化学习模型如下所示：

状态：系统状态变量为

$$s = (x, \dot{x}, \theta, \dot{\theta}, e)^{\mathrm{T}}$$

其中，x 是小车位置，θ 是杆的角度，e 是当前电池能量。$\dot{x}$ 和 $\dot{\theta}$ 是相应的速度 / 速率。$(\cdot)^{\mathrm{T}}$ 表示向量的转置。

行动：行动向量由推动命令 f 和采样时间 h 组成，

$$a = (f, h)^{\mathrm{T}}$$

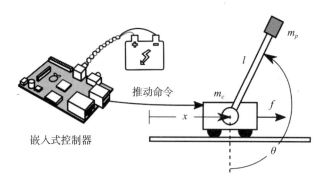

图 5-1　车杆控制: $m_c = 1$ kg, $l = 20$ cm, $m_p = 0.1$ kg, $x \in [-6 \text{ m}, 6 \text{ m}]$, $f_{max} = 200$ N, 电池容量 $= 0.3$ J [21]

两个行动都是连续变量，但在此示例中，为便于理解，它们被视为离散量，可从一定数量的可用选择中选择采样时间。

策略：策略 π 被定义为系统状态到行动的映射。

奖励：奖励被定义为控制器可以将杆保持在垂直位置的时间。这意味着智能体应尝试使用更长的采样时间节省处理功率，以便可以在更长时间内使杆保持平衡。

对于此案例研究，使用了 Q-learning 算法来训练这种自适应 ECS。最终的学习曲线如图 5-2 所示，实验使用了两个采样时间 $h_1 = 10$ ms 和 $h_2 = 100$ ms。自适应是指在两个采样时间之间实时切换。结果表明，自适应 ECS 在少于 10×10^6 次的学习步骤后就能识别出更好的设置，并且能够使杆平衡的时间比快速固定采样长约 2 s。

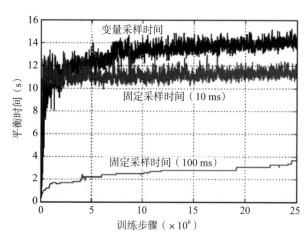

图 5-2　ECS 在摆动和平衡任务中可获得的最大平衡时间（回报）[21]

3. Sarsa 算法

Sarsa 算法是一种基于时序差分的在线策略控制算法，除了状态 – 行动对是使用当前策略估算的之外，Sarsa 算法的更新步骤与 Q-learning 算法非常相似，可形式化表示为：

$$Q(S_t, A_t) \leftarrow Q(S_t, A_t) + \alpha(R_{t+1} + \gamma Q(S_{t+1}, A_{t+1}) - Q(S_t, A_t))$$

Sarsa 算法得名于每一次更新都与 S_t、A_t、R_{t+1}、S_{t+1}、A_{t+1} 相关。对于每个非最终状态，智能体使用上面的公式更新状态–行动值。如果下一状态是最终状态，则智能体会将行动值函数设为 $Q(S_{t+1}, A_{t+1}) = 0$。

如果无限次地访问所有状态–行动对，并且迭代步长序列满足常用的收敛条件，那么 Sarsa 算法就能够保证收敛到最优策略和最优状态–行动值。而实际上，由 Sarsa 算法推导出的策略总是收敛于贪心策略。在实际应用中，为了实现对每个状态–行动对的无限次访问，可以从 ε–greedy 策略或 ε–soft 策略开始，然后将 ε 逐渐衰减到零。算法 13 中总结了 Sarsa 算法。

Algorithm 13   Sarsa Algorithm

1: **Input**: Arbitrary $Q(S, A)$ and $Q(\text{terminal state}, \cdot) = 0$
2: **Output**: (near-) optimal policy π^*
3: **Repeat for each episode**:
Initialize: S
Choose A from S following the policy π derived by Q (e.g., ε-greedy)
  Repeat: For each step of the episode:

  1. Take action A, obtain reward R and the next state S'

  2. Choose A' for state S' following the policy derived by Q (e.g., ε-greedy)

  $$Q(S, A) \leftarrow Q(S, A) + \alpha(R + \gamma Q(S', A') - Q(S, A))$$
  $$S \leftarrow S', A \leftarrow A'$$

  3. Until S is the terminal state

如果将 TD(λ) 预测方法应用于状态–行动对而非状态中，则可以产生基于在线策略的 TD 控制方法——Sarsa(λ)。先前的 Sarsa 算法可视为一步（one-step）Sarsa，即 Sarsa(λ) 的特例。与 TD(λ) 的实现类似，Sarsa(λ) 的实现需要使用资格痕迹，文献 [159] 中有更多相关详细介绍。

4. 示例

示例 5.2   学习骑自行车 [133]

在此示例中，Sarsa(λ) 用于教导机器人骑自行车，最终目标是让机器人将自行车骑到目标位置。下文中还考虑了保持自行车平衡这一中间目标。在每个时间步上，机器人都会从环境中获取信息，例如车把角度和自行车速度。然后，机器人需要选择行动以保持自行车的平衡。通过机器人使自行车保持平衡的秒数对试验进行评估，一旦秒数达到 1000 s，就认为试验任务已完成。该示例的强化学习模型如下所示：

状态：系统状态变量为

$$s = (\theta, \dot{\theta}, \omega, \dot{\omega}, \ddot{\omega})^{\mathrm{T}}$$

其中，θ 表示车把偏离法线的角度，$\dot{\theta}$ 则是该角的角速度。ω 是自行车与垂直方向的夹角，$\dot{\omega}$ 是角速度，而 $\ddot{\omega}$ 是角加速度。假定状态是连续变量，状态通过状态空间中的非重叠间隔进行离散化。其中：

1）角 θ：0 rad，± 0.2 rad，± 1 rad，$\pm\dfrac{\pi}{2}$ rad。

2）角速度 $\dot{\theta}$：0 rad/s，± 2 rad/s，± ∞ rad/s。

3）角 ω：0 rad，± 0.06 rad，± 0.15 rad，$\pm\dfrac{1}{15}\pi$ rad。

4）角速度 $\dot{\omega}$：0 rad/s，± 0.25 rad/s，± 0.5 rad/s，± ∞ rad/s。

5）角加速度 $\ddot{\omega}$：0 rad/s^2，± 2 rad/s^2，± ∞ rad/s^2。

行动：智能体总共有 6 种可能的行动，包括选择施加在车把上的扭矩 T 的选择和偏离自行车计划的重心 d 的选择，

$$T \in \{-2\,\mathrm{N}, 0\,\mathrm{N}, +2\,\mathrm{N}\}$$

$$d \in \{-2\,\mathrm{cm}, 0\,\mathrm{cm}, +2\,\mathrm{cm}\}$$

策略：策略 π 定义为系统状态到行动的映射。

奖励：智能体奖励对应于智能体保持自行车平衡的秒数。

训练结果如图 5-3 所示，描述了智能体保持自行车平衡的秒数随试验次数的变化。早期训练过程中每次试验的运动记录如图 5-4 所示，其中自行车跌倒时会从起点重新启动。这两组结果表明，机器人在尝试中学习，并且随着时间推移有更好的表现。

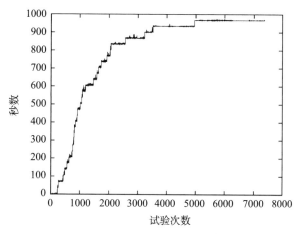

图 5-3　机器人保持平衡的秒数与试验次数的对比 [133]

图 5-4　前 151 次试验的路径记录。最长的路径是 7 米 [133]

5.3.3　策略梯度

到目前为止，获取最优策略的方法是学习状态 – 行动对的值，然后根据这些状态 – 行动对的值选择行动。这是否意味着如果不对状态 – 行动对值进行估计，就找不到最佳策略？本节将介绍策略梯度，该方法可在不借助值函数的情况下直接学习参数化策略。尽管可能会使用值函数学习策略参数，但无须将其用于行动选择。

通常，带有参数 $w \in \mathbb{R}^n$ 的参数化策略可表示如下：

$$\pi(a \mid s, w) = Pr(A_t = a \mid S_t = s, W_t = w)$$

以特征 $f(s,a) \in R^n$ 的线性近似为例，$\pi(a \mid s, w) = w^{\mathrm{T}} \cdot f(s,a) = w_1 f_1(s,a) + w_2 f_2(s,a) + \cdots w_n f_n(s,a)$，其中 $f_i(s,a)$ 表示状态 – 行动对的第 i 个特征。为优化参数 w，需要定义好目标函数 $J(w)$。然后，对参数 w 进行迭代更新以使 $J(w)$ 最优化。上述过程可以表示为：

$$w_{t+1} = w_t + \alpha \nabla_{w_t} J(w_t)$$

其中，w_t 表示时间 t 时参数 $w \in \mathbb{R}^n$ 的估计值。$\nabla_{wt} J(w_t)$ 是相对于其参数 w_t 的性能度量梯度。遵循该方案找到最佳策略的所有方法都被称为策略梯度方法。

下文考虑有完整状态的回合（episodic）情况，因此将性能度量定义为：

[108]
$$J(w) = v_{\pi_w}(s_0) = E[R_1 + \gamma R_2 + \gamma^2 R_3 + \cdots | s_0, \pi(:, w)]$$

其中，$v_{\pi_w}(s_0)$ 是每一回合开始状态 s_0 的真正值函数。由梯度策略定理[160]可表示为：

$$\nabla_w J(w) = \sum_s p_\pi(s|w)\left[\sum_a Q^{\pi_w}(s,a)\nabla_w \pi(a|s,w)\right] \quad (5.6)$$

其中，$Q^{\pi_w}(s,a)$ 是策略 π_w 下 (s, a) 的状态 – 行动值，$p_\pi(s|w) = \lim_{t\to\infty} P_r(S_t = s | s_0, w)$ 是策略 π 下状态的静态分布，在此假设对所有策略都存在 s_0 并且都独立于 s_0。由此得到：

$$
\begin{aligned}
\nabla_w J(w) &= \sum_s p_\pi(s|w)\left[\sum_a Q^{\pi_w}(s,a)\pi(a|s,w)\nabla_w \log \pi(a|s,w)\right] \\
&= \sum_{s,a} Q^{\pi_w}(s,a) p_\pi(s|w)\pi(a|s,w)\nabla_w \log \pi(a|s,w) \\
&= \sum_{s,a} p_\pi(s,a|w)Q^{\pi_w}(s,a)\nabla_w \log \pi(a|s,w) \\
&= E_\pi[Q^{\pi_w}(s,a)\nabla_w \log \pi(a|s,w)]
\end{aligned}
\quad (5.7)
$$

其中，$\nabla_w \log \pi(a|s,w)$ 被称为得分函数（score function）。下面介绍一种名为 REINFORCE[183] 的具体算法，该算法被认为是最早的策略梯度算法。REINFORCE 的基本观点是使用足够样本去逼近上述 $\nabla_w J(w)$ 中的期望值。样本收集自 Q-learning 和 Sarsa 算法随机生成的回合。考虑到回合中的奖励折扣因子 γ，策略梯度更新可近似为：

$$w_{t+1} = w_t + \alpha \gamma^t G_t \nabla_{w_t} \log \pi(a|s,w_t) = w_t + \alpha \gamma^t G_t \frac{\nabla_{w_t} \pi(a|s,w_t)}{\pi(a|s,w_t)}$$

其中，G_t 用于近似 $Q^{\pi_w}(s,a)$，即遵循策略 π_w，是在状态 – 行动对 (s, a)，从时间步 t 开始得到的回报值。请注意，右侧第二项由 γ^t 加权以保留期望值。该公式的详细推导可参考原始的 REINFORCE 论文。REINFORCE 在每个回合中都使用持续到最终状态的回报值。本质上，它是针对有完整状态的回合事件的蒙特卡罗算法。因[109]此，REINFORCE 也被称为"蒙特卡罗策略梯度"。算法 14 介绍了 REINFORCE 算法。

Algorithm 14　REINFORCE Algorithm

1: **Input**: A policy parameterization $\pi(a|s, w)$ which is differentiable.
2: **Output**: (near-) optimal policy π^*
3: **Initialize**: Initialize policy weights w
4: **Repeat forever**:
　Generate an episode $S_0, A_0, R_1, \cdots, S_{T-1}, A_{T-1}, R_T$, following the policy $\pi(\cdot|\cdot, w)$
　For each step of the episode $t = 0, 1, \cdots, T - 1$:
　1. Assign the return from step t to G
　2. Update parameter $w \leftarrow w + \alpha\gamma^t G\nabla_w \log \pi(A_t|S_t, w)$

REINFORCE 的缺点之一是由于蒙特卡罗采样而导致的高方差。具体来说，在上述算法中，更新参数 w 需要回合中所有序列奖励的折扣总和 G，其中每个奖励都是随机变量，导致该方法具有高方差。而减少高方差的一种方法是从策略梯度式（5.6）中减去基准函数 $B(s)$，即

$$\nabla_w J(w) = \sum_s p_\pi(s\,|\,w)\left[\sum_a (Q^{\pi_w}(s, a) - B(s))\nabla_w \pi(a\,|\,s, w)\right] \tag{5.8}$$

请注意，引入基准函数将不会更改更新的期望值。从数学上讲这是合理的，因为

$$\sum_a B(s)\nabla_w \pi(a\,|\,s, w) = B(s)\nabla_w \sum_a \pi(a\,|\,s, w) = B(s)\nabla_w 1 = 0$$

那么带有基准函数的 REINFORCE 更新公式如下：

$$w_{t+1} = w_t + \alpha\gamma^t (G_t - B(s_t))\frac{\nabla_{w_t} \pi(a\,|\,s, w_t)}{\pi(a\,|\,s, w_t)} \tag{5.9}$$

但是，如何选择基准函数呢？首先，REINFORCE 中的回报值 G_t 是状态 – 行动对 $Q^{\pi_w}(s, a)$ 的估计值。根据贝尔曼最优方程，可知

$$v^*(s) = \max_a \quad q^*(s, a)$$

110

由于对任何 MDP 总是存在确定性的最佳策略，因此当策略达到最佳状态时，

$$Q^{\pi_w}(s, \pi_w(s))\,|-V^{\pi_w}(s) = 0$$

这一发现促使我们选择状态值 $V^{\pi_w}(s)$ 作为基准函数，即 $B(s) = V^{\pi_w}(s)$。对于较大的状态空间，可以选择使用带有权重向量 $\theta \in R^m$ 的状态估计值 $\hat{V}(s, \theta)$ 作为基准函数。类似地，我们可以使用蒙特卡罗方法学习状态值权重 θ。算法 15 中介绍了使用基准

函数的 REINFORCE 算法。

Algorithm 15   REINFORCE with Baseline Algorithm

1: **Input**: A differentiable policy parameterization $\pi(a|s,w)$ and a differentiable state-value parameterization $\hat{V}(s,\theta)$ which is differentiable, step sizes α and β

2: **Output**: (near-) optimal policy π^*

3: **Initialize**: Initialize policy weights w and state-value weights θ

4: **Repeat forever**:

Generate an episode following the policy $\pi(\cdot|\cdot,w)$ For each step of the episode $t = 0, \cdots, T-1$:

1. Compute the return G_t starting from step t
2. Update $B(S_t) \leftarrow \hat{V}(S_t,\theta)$
3. Update $\theta \leftarrow \theta + \beta(G_t - B(S_t))\nabla_\theta \hat{V}(S_t,\theta)$
4. Update $w \leftarrow w + \alpha\gamma^t(G_t - B(S_t))\nabla_w \log \pi(A_t|S_t,w)$

示例

示例 5.3 多智能体自动驾驶 [147]

可以预见，强化学习可成为推动自动驾驶技术发展的重要工具，这项新兴技术将在不久的将来广泛应用于日常生活中。而在自动驾驶的所有任务中，安全是重中之重，因此智能体（自动驾驶汽车控制器）的目标是将事故发生概率维持在极低水平（即 10^{-9}）。在此示例中，首次尝试了利用基于策略梯度的强化学习解决方案来解决安全问题。智能体的输入信息来自感知过程，基于这些信息，智能体会生成一个环境模型，该模型包含了车辆、路边石、障碍等周围环境位置信息。在强化学习中，状态空间包含这样的"环境模型"，还包括自身的动态以及先前帧（从嵌入式相机获得）中运动对象的动态信息等其他输入。在给定多变量连续状态空间的情况下，通过深层网络（例如循环神经网络（RNN））对本示例的策略进行参数化和近似化。如图 5-5 所示，本示例研究了使用传统的运动和路径规划方法难以解决的双重合并操作问题。在双重合并问题中，智能体应该能够选择沿当前轨迹继续或合并到另一侧以避免发生意外。行动空间可以是一组用于捕获不同级别的行动（例如向左合并、向右合并、停留、加速、减速等）的离散值。

通常，策略 π 定义为系统状态到行动的映射。使用轨迹奖励函数 $R = -r$（$r>0$）代表智能体需要避免的事件。例如，如果发生事故，则具有较大 r 值的奖励函数 $-r$ 将提供很高的惩罚以阻止这种情况发生。在强化学习解决方案的测试中，感知信息包括环境的静态部分（包括以自身为中心的车道和自由空间的几何形状）以及相距

100 米内的汽车彼此间的位置、速度和航向。文献 [141] 中有一个演示视频,展示了这种自动驾驶智能体的最终性能。

图 5-5 双重合并方案[147]

5.3.4 actor-critic

如前一部分所述,由于蒙特卡罗采样的性质,REINFORCE 的方差很大。为了解决这一问题,将基准函数 $B(s)$ 引入状态 – 行动值函数 $Q^{\pi_w}(s,a)$。本节则提出了另一种减少方差的方法,即通过 critic(评判)估计状态值函数 $B(s) = V^{\pi_w}(s)$。也就是说,通过自举法,针对给定参数化策略 π_w,使用参数化状态值函数 $\hat{V}(s,\theta)$ 近似真实状态值函数 $V^{\pi_w}(s)$。此处,$\hat{V}(s,\theta)$ 当中使用了向量 θ 作为参数,其方式类似于对 π_w 的参数化。因此,可发现在这种情况下,有两个耦合的参数需要优化,由此这种方法被称为 actor-critic (AC) 方法。相关定义如下:

1)critic:更新状态值函数的参数 θ 以评估当前策略。

2)actor:按照 critic 建议的方向更新策略参数 w 以改进策略。

引入 critic 后,具有基准函数的 REINFORCE 算法(见式(5.9))则改写为如下形式:

$$
\begin{aligned}
w_{t+1} &= w_t + \alpha\gamma^t(G_t - \hat{V}(s_t,\theta))\frac{\nabla_{w_t}\pi(a\,|\,s,w_t)}{\pi(a\,|\,s,w_t)} \\
&= w_t + \alpha\gamma^t(R_{t+1} + \gamma\hat{V}(s_{t+1},\theta) - \hat{V}(s_t,\theta))\frac{\nabla_{w_t}\pi(a\,|\,s,w_t)}{\pi(a\,|\,s,w_t)} \qquad (5.10) \\
&= w_t + \alpha\gamma^t\delta\frac{\nabla_{w_t}\pi(a\,|\,s,w_t)}{\pi(a\,|\,s,w_t)}
\end{aligned}
$$

其中,$\delta = R_{t+1} + \gamma\hat{V}(s_{t+1},\theta) - \hat{V}(s_t,\theta)$ 表示 TD 误差。为更新起始值参数 θ,critic 可以

112

使用半梯度 TD(0) 算法。综上所述，AC 算法的伪代码如算法 16 所示。

Algorithm 16   actor-critic Algorithm

1: **Input**: A differentiable policy parameterization $\pi(a|s,w)$ and a differentiable state-value parameterization $\hat{V}(s,\theta)$, step sizes α and β

2: **Output**: (near-) optimal policy $\pi^*(\cdot|\cdot,w)$

3: **Initialize**: Initialize policy weights θ and state-value weights w

4: **Repeat**:

Initialize first state of episode S

Assign initial value 1 to I

While S is not terminal:

1. $A \sim \pi(\cdot|S,\theta)$
2. Take action A, observe S', R
3. $\delta \leftarrow R + \gamma\hat{V}(S',\theta) - \hat{V}(S,\theta)$. ($\hat{V}(S',\theta) = 0$ if S' is terminal)
4. $\theta \leftarrow \theta + \beta\delta\nabla_w\hat{V}(S,\theta)$
5. $w \leftarrow w + \alpha I\delta\nabla_w\log\pi(A|S,w)$
6. $I \leftarrow \gamma I$
7. $S \leftarrow S'$

---

[113]   与 AC 算法一样，带有基准函数的 REINFORCE 方法也需要对参数化策略和状态值进行学习。但带有基准函数的 REINFORCE 方法不是 AC 算法，因为它不使用自举法（根据后续状态的估计值更新状态），虽然该技术会在学习中引入偏差，但能够减少方差并加速学习。特别是，AC 方法使用如式（5.10）中 TD(0) 的自举法 $\delta = R_{t+1} + \gamma\hat{V}(s_{t+1},\theta) - \hat{V}(s_t,\theta)$，而带有基准函数的 REINFORCE 方法则使用 $G_t - \hat{V}(s_t,\theta)$。也就是说，带有基准函数的 REINFORCE 方法中的参数化状态值 $\hat{V}(s_t,\theta)$ 仅用作基准函数，这也意味着该方法是无偏差的，并且将渐近收敛到（局部）最小值。但是，像所有的蒙特卡罗方法一样（等到回合结束才能获得回报 G_t），由于学习中的延迟，学习速度往往很慢，因此不方便在线实施。

示例

示例 5.4   机器人技术中的跟踪控制 [123]

从拾取和放置任务到焊接任务，准确参考跟踪对大多数机器人应用都很重要。由于机械臂本身是一个复杂系统，并且还可能用于不确定的环境中，因此高精度地控制机械臂完成任务始终是一项挑战。在此示例中，基于 AC 的强化学习算法将用于改善机器人操纵器的跟踪性能。通常，制造商会提供反馈控制器 g，以帮助生成对机械臂的控制输入，从而使跟踪误差最小化。通过在时间 t 的跟踪误差 e_t 来决定

控制输入 u_t, 即 $u_t = g(e_t)$, 其中 $g : R^n \to R^m$, $e_t \in R^n$ 且 $u_t \in R^m$。但是, 该设备中嵌入的由制造商提供的反馈控制器不适用于动态环境。因此, 由于具备在线学习功能, 我们使用基于强化学习的补偿器 $h : R^n \to R^m$ 来进一步优化设备, 其目标是通过在线学习进一步降低跟踪误差。也就是说,

$$u_t = g(e_t) + h(e_t)$$

如图 5-6 所示, 在一项实验当中通过比较基于 AC 的补偿器和标称控制器对机械臂进行了评估。强化学习系统的状态包括机械臂每个关节的速度和位置, 包括基部、肩部、肘部、腕部 1、腕部 2 和腕部 3（在图中表示为 A 到 F）。行动空间包含每个关节执行的运动值。奖励值可通过参考曲线与跟踪曲线之间距离符号的位置误差进行测量。实验测试了在纸张上跟踪正方形和圆形的两个任务。与两个任务在标称比例微分（PD）控制器上的比较结果如图 5-7 所示。结果表明基于 AC 的补偿器可以有效地减小跟踪误差。

114
～
115

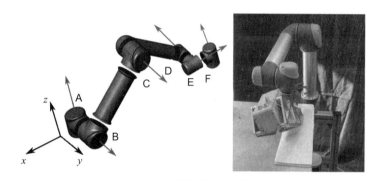

图 5-6　跟踪机器人[123]

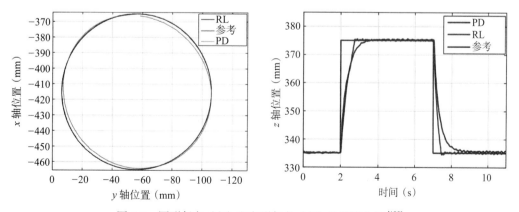

图 5-7　圆形任务（左）和方形任务（右）的跟踪曲线[123]

5.4 高级算法

目前为止，本章已经介绍了包括蒙特卡罗控制算法、Sarsa、Q-learning、策略梯度和 actor-critic 在内的几种经典无模型控制算法。在经典算法的基础上，本节将介绍一些高级的无模型控制算法，这些算法可以进一步减小学习过程中值函数的方差（例如，期望 Sarsa），也可以解决 Q-learning 中的过高估计问题（例如，双Q-learning）。

5.4.1 期望 Sarsa

在 Sarsa 算法中，Q 函数的更新如下：

$$Q(S_t, A_t) \leftarrow Q(S_t, A_t) + \alpha(R_{t+1} + \gamma Q(S_{t+1}, A_{t+1}) - Q(S_t, A_t))$$

由于 Sarsa 算法是一种在线策略算法，$Q(S_{t+1}, A_{t+1})$ 的随机性可能会在更新中引入较大方差，进而导致算法收敛缓慢。所以，在文献 [145] 中提出了一种名为期望 Sarsa 的 Sarsa 变体算法以减少方差。期望 Sarsa 利用 S_{t+1} 中所有可用行动计算期望，而不是简单地使用所选行动。即

$$
\begin{aligned}
&Q(S_t, A_t)\\
&\leftarrow Q(S_t, A_t) + \alpha(R_{t+1} + \gamma \mathbb{E}[Q(S_{t+1}, A_{t+1}) \mid S_{t+1}] - Q(S_t, A_t))\\
&= Q(S_t, A_t) + \alpha(R_{t+1} + \gamma \sum_a \pi(a \mid S_{t+1}) Q(S_{t+1}, a) - Q(S_t, A_t))
\end{aligned}
\tag{5.11}
$$

116

文献 [145] 证明了在相同条件下，期望 Sarsa 的收敛结果比 Sarsa 的收敛结果具有更小的方差。这种较低方差可以提高学习率，加快应用程序学习速度。在确定性环境中，期望 Sarsa 的更新的方差为零，且可将学习率设置为 1。期望 Sarsa 的伪代码如算法 17 所示。

Algorithm 17　Expected Sarsa

1: **Initialize**: Initialize $Q(s, a)$ arbitrarily for all states and actions
2: **Repeat**:
Initialize S
For each step of the episode:
1. Following the policy π derived from Q, at current state S, choose action A, observe S' and R
2. Update $V(S') \leftarrow \sum_a \pi(a|S') \cdot Q(S', A)$
3. Update $Q(S, A) \leftarrow Q(S, A) + \alpha[R + \gamma V(S') - Q(S, A)]$
4. $S \leftarrow S'$
Until S is terminal.

5.4.2　双 Q-learning

在用于 Q-learning 算法的随机 MDP 中，智能体对每个行动的最大行动值的估计是基于单个样本实现的，当再次访问状态时，该样本可能无法重用。由于样本分布未知，后续行动取决于智能体的整体经验，因此 Q-learning 样本是有偏差的，这种偏差会导致对行动值的高估[55]。Hasselt[54] 提出了一种新的离线策略强化学习算法——双 Q-learning，缓解了过高估计的问题，该算法的代码如算法 18 所示。

Algorithm 18　Double Q-learning

1: **Initialize**: Initialize $Q^A(S, A)$ and $Q^B(S, A)$ arbitrarily and assume $Q^A(\text{terminal-state}, :) = 0$, $Q^B(\text{terminal-state}, :) = 0$

2: **Repeat**: For each episode:

Choose A from S following the policy derived from Q^A and Q^B observe R and S'

Choose one of the following updates according to some randomnes (e.g., each with 0.5 probability):

$$Q^A(S, A)$$
$$\leftarrow Q^A(S, A) + \alpha(R + \gamma Q^B(S', argmax_a Q^A(S', a)) - Q^A(S, A))$$

else:

$$Q^B(S, A)$$
$$\leftarrow Q^B(S, A) + \alpha(R + \gamma Q^A(S', argmax_a Q^B(S', a)) - Q^B(S, A))$$

$S \leftarrow S'$

Until S is terminal.

可以发现，双 Q-learning 使用了两个 Q 函数 Q^A 和 Q^B。在每一步中，通过使用即时奖励 R 和下一状态值之和来更新其中一个值函数（例如 Q^A）。为确定下一状态值，首先根据 Q^A 找到最佳操作，然后使用第二个值函数 Q^B 计算该行动值。相似地，为更新第二个 Q 函数 Q^B，使用 Q^B 确定下一状态中的最佳行动，然后使用 Q^A 估计此行动值。如此一来，最佳行动的选择和对这个选择的评估是无关联的，由此方法即可解决 Q-learning 过高估计的问题。

117

5.5　本章小结

本章主要介绍了几种各有优缺点的基本的无模型强化学习算法，但是缺少了对于资格痕迹（eligibility traces）相关知识的介绍。资格痕迹是强化学习的基本机制之一，其由 TD(λ) 算法引出。通常情况下，智能体必须等到回合结束才能更新目标值，因此 TD(λ) 往往是一个有延迟的学习过程。但是，该算法的后向视角（backward view）（资格痕迹的性质）提供了一种实时更新目标值的机制。而事实上，几乎所有 TD 方法（例如 Q-learning 或 Sarsa）都可以与资格痕迹结合使用，以获得更通用的方法，达到更有效学习的目的。有关资格痕迹的详细教程见文献 [159]。

[118]   本章还介绍了一种寻找最佳策略的新方法——策略梯度。这种方法直接搜索参数化的策略，而不是先搜索最佳行动值函数，然后通过运用贪心策略得出策略。此外，本章还引入了 AC 算法，并对其策略函数和值函数进行参数化，以减少学习方差，实现快速收敛。在真实世界中，参数化思想对于处理大规模和连续的应用非常重要。精心设计的参数化形式在用于对复杂策略和值函数进行建模的过程时会表现得非常强大、极其高效。例如，在下一章介绍的深度强化学习中，可以利用深度神经网络实现参数化。

5.6   练习

5.1   以下哪种强化学习方法会根据经验估算一些数量，因此不能从中近似地计算出最优策略？

a）基于模型的蒙特卡罗

b）无模型的蒙特卡罗

c）Sarsa

d）Q-learning

e）TD 学习

5.2   对于以下陈述，请判断对错：

a）尽管策略迭代和价值迭代都被广泛使用，但尚不清楚哪一个总体上更好。

b）策略迭代的缺点之一是其每次迭代都涉及策略评估，而策略评估本身可能是需要耗费大量时间的迭代计算，需要对状态集进行多次扫描。

c）在使用蒙特卡罗方法估计行动值时，如果使用确定性策略 π，在大多数情况下，一个智能体（具有相同的起始状态）无法获悉所有行动值。

d）对于平稳问题，只要对所有状态－行动对进行无数次访问且策略收敛于贪心策略的极限，那么 Sarsa 收敛到最优策略和行动值函数的概率为 1。

e）一般来说，TD 方法的收敛速度比蒙特卡罗方法更快。

[119]   5.3   在实际应用中，我们经常会遇到非平稳的强化学习问题（例如，随机过程的平均值随时间而变化）。在这种情况下，为什么在强化学习算法的增量更新中，通常使用恒定的步长，例如 $Q_{k+1} = Q_k + \alpha[r_{k+1} - Q_k]$？

5.4   在强化学习中，"在线策略"和"离线策略"方法的含义是什么？

5.5   Q-learning 是在线策略还是离线策略？请说明理由。

5.6   为什么说 TD 方法是一种自举法？

5.7   给定一个要在其中找到最佳策略的 MDP 任务。需要考虑的一个问题是选择计算和存储 $v(s)$

还是 $q(s, a)$。请各给出一个选择 $v(s)$ 和选择 $q(s, a)$ 的理由。

5.8 为什么在某些情况下，TD 学习能够计算值函数，而策略评估不能直接适用？

5.9 （小随机漫步[159]）如图 5-8 所示，所有回合均以中央状态 C 开始，随后每一步都以相等概率左右移动一个状态。在一个回合中，当达到最左端或最右端时终止。当回合在右端终止时，奖励为 +1；所有其他结果奖励均为零。例如，步行可能由以下状态和奖励的序列组成：C; 0; B; 0; C; 0; D; 0; E;1。假设此任务是无折扣（γ=1）且有完整状态的回合的，那么实质上，每个状态的真实值就是从这一状态出发到达最右端终止的概率。

起始状态

图 5-8　随机漫步[159]

a）状态值 $V(C)$ 是多少？

b）状态值 $V(A)$、$V(B)$、$V(D)$、$V(E)$ 又是多少？

c）假设初始化所有状态 s 的状态值 $V(s) = 0.5$。从图 5-9（学习过程）看来，第一个回合仅使得 $V(A)$ 发生了变化。请分析第一个回合发生了什么，为什么仅有 A 状态的估计值发生了改变？A 状态的估计值变为了多少？ 120

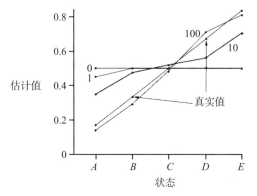

图 5-9　经过多个回合后，TD(0) 以恒定步长 $\alpha = 0.1$ 习得值[159]

5.10 （小网格世界）小网格世界 MDP 如图 5-10 所示，状态是由行号和列号（行号在前）标识的网格正方形。智能体始终以状态 (1,1) 作为起始状态。有两个最终目标状态：奖励为 +5 的 (2,3) 和奖励为 −5 的 (1,3)，其余非最终状态下的奖励为 0。（当智能体进入状态时，会获得状态奖励。）潜在状态转移函数有 0.8 的概率可令智能体做出预期移动（向上、向下、向左、向右），各以 0.1 的概率使智能体做出垂直于预期方向的移动。例如，如果 (1,2) 处的智能体选择向上移动到 (2,2)，则只有 0.8 的概率可以达到状态 (2,2)。而各有 0.1 的概率到达状态 (1,1) 或最终状态 −5。如果与墙发生碰撞，智能体将保持相同状态不变。

1）写下所有网格的最佳策略。（例如，$\pi(1,1) =$ 向下，$\pi(1,2) =$ 向上，$\pi(2,1) =$ 向左，$\pi(2,2) =$ 向右，但这些绝不是最佳策略。）

(2,1)	(2,2)	+5
(1,1)	(1,2)	−5

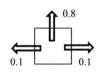

图 5-10   网格世界 MDP 和转移功能

2）假设智能体知道转移概率，写出折扣因子为 0.9 时状态 (1,2) 和 (2,1) 的前两轮（同步）价值迭代更新。（假设 V_0 在任何地方都是 0，并在时间 $i = 1,2$ 时计算 V_i。此外，假设所有迭代的最终状态值 $V(1, 3) = V(2, 3) = 0$）。提示：价值迭代使用的更新公式为 $v_{k+1}(s) = \max_a \sum_{s',r} p(s',r|s,a)[r + \gamma v_k(s')]$。

3）智能体以始终向右移动的策略作为起始策略，并生成了以下三条路径：

①(1,1)—(1,2)—(1,3)；②(1,1)—(1,2)—(2,2)—(2,3)；③(1,1)—(2,1)—(2,2)—(2,3)。针对上述给定的路径，状态 (1,1) 和 (2,2) 的蒙特卡罗（直接利用）估计值是什么？

4）学习率 $\alpha = 0.1$，折扣因子 $\gamma = 0.9$，假设初始 V 值为 0，在上述试验 1 和 2 之后 TD(0)-学习智能体会进行哪些更新？提示：TD(0) 更新公式为 $v(s) = v(s) + \alpha(r + \gamma v(s') - v(s))$。

5.11（n 步回报值）保证所有 n 步回报值的期望值都以某种方式相对于当前值函数有所提高，以近似于真实值函数。证明以下 n 步回报值的误差减少属性：

$$\max_s |E_\pi\{R_t^{(n)} | s_t = s\} - V^\pi(s)| \leqslant \gamma^n \max_s |V(s) - V^\pi(s)|$$

其中，$R_t^{(n)}$ 是时间 t 的 n 步回报值。

以下练习要求学习理解本书没有包括的"资格痕迹"知识。

121
~
122

5.12（基于值的强化学习）参考如图 5-11 所示的小走廊网格世界，S 和 G 分别表示开始状态和目标（最终）状态。非最终状态中只有两个行动，即向右和向左。这些行动在开始状态下会产生正常的结果（向左的行动在第一种状态下会导致不移动），但在第二种状态下会发生相反的行动，即向右的行动会导向向左移动，向左的行动会导致向右移动。与往常一样，每步的奖励值是 −1。对于所有状态 s 使用两个特征 $x_1(s, a) = \mathbf{1}\{a = 向右\}$ 和 $x_2(s, a) = \mathbf{1}\{a = 向左\}$ 来近似行动 - 值函数。我们建立一个能够到达最终状态的回合的样本，通过依次采取向右、向右、向右、向左的行动。假设实验没有折扣因子。

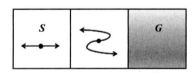

图 5-11   小走廊网格世界

1）通过将这些具有两个参数的特征进行线性组合来近似行动 - 值函数：$\hat{Q}(s,a,w) = x_1(s,a)w_1 + x_2(s,a)w_2$。如果 $w_1 = w_2 = 1$，则计算在 $\lambda = 0.5$ 的回合中对应的 λ 的回报值 q_t^λ。

2）使用前向视角（forward-view）TD(λ) 算法和线性函数逼近器，权重 w_1 的更新顺序是什么？

权重 w_1 的更新总量是多少？假设 $\lambda = 0.5$，$\gamma = 1$，$\alpha = 0.5$，并且更新从 $w_1 = w_2 = 1$ 开始。

3）当使用线性值函数近似时，通过积累资格痕迹 e_t 定义 TD(λ)。若 $\lambda = 0.5$，$\gamma = 1$，写下与向右的行动相对应的资格痕迹序列。

4）使用后向视角（backward-view）TD(λ) 算法和线性函数逼近器，权重 w_1 的更新顺序是什么？（使用离线更新，即实际上不改变权重，只是积累更新值）。权重 w_1 的总更新值是多少？假设 $\lambda = 0.5$，$\gamma = 1$，$\alpha = 0.5$，并且更新从 $w_1 = w_2 = 1$ 时开始。

5.13（高斯策略）假设在策略梯度强化学习中使用高斯策略。高斯均值是状态特征的线性组合：

$$\mu(s) = \phi(s)^{\mathrm{T}} w = \sum_i \phi_i(s) w_i$$

其中，$\phi(\cdot)$ 代表特征函数的向量，w 代表权重向量。另外，假设固定方差 σ^2。请证明高斯策略的得分函数 $\nabla_w \log \pi_w(a \mid s, w)$ 表示如下：

$$\nabla_w \log \pi_w(a \mid s, w) = \frac{(a - \mu(s)\phi(s)}{\sigma^2}$$

5.14（基于策略的强化学习）参考如图 5-11 中所示的小网格世界。

（1）解释为什么按照 ε – greedy 策略执行行动的行动 – 值方法不会生成最优策略。

（2）对所有状态 s 使用两个特征：$\phi_1(s, a) = 1\{a = 向右\}$ 和 $\phi_2(s, a) = 1\{a = 向左\}$。近似策略为 softmax 策略，即 $\pi_\theta(s, a) \propto e^{\phi^{\mathrm{T}}\theta}$。我们建立一个能够到达最终状态的回合的样本，通过依次采取向右、向右、向右、向左的行动。若使用蒙特卡罗策略梯度法（REINFORCE），离线更新参数 θ 的顺序是什么？在此回合后选择向右行动的可能性是多少？假设 $\alpha=0.01$，$\gamma=1$，并且更新从 $\theta_1 = \theta_2 = 1$ 开始。

123
～
124

Reinforcement Learning for Cyber-Physical Systems: with Cybersecurity Case Studies

深度强化学习

6.1 引言

作为生成特征表征的一种策略，深度学习用多个层级将输入映射到输出上。这种结构使得模型能够学习将复杂的输入表征为分层概念，并将每个概念从低级功能扩展到更抽象的表征。由于训练示例数量的增加，以及计算机硬件和软件的改进，深度学习的功能愈发强大，工作效率也在不断提高。近年来，深度学习在计算机视觉、语音识别和自然语言处理上都取得了巨大成功。

如前几章所述，强化学习的目标是创造一个智能体，实现决策总奖励的最大化。在强化学习的上下文中，智能体与环境进行交互，观察状态受行动的影响，并接收奖励信号。经历不断试错后，智能体学会如何采取一系列行动以实现其目标。

总的来说，强化学习系统应具有通用性，以解决达到人类表现水平的更复杂的任务。这就是深度强化学习（Deep Reinforcement Learning，DRL）的近期发展趋势。深度强化学习是强化学习和深度学习的结合，其中深度神经网络（Deep Neural Network，DNN）在强化学习的框架中用作函数近似，利用梯度下降算法来优化损失函数（通过调整神经网络的权重）。深度强化学习允许智能体直接从原始输入中学习有意义的表征，减少对领域知识和手工标记的需求，同时也帮助扩大强化学习问题的维度。

不同的深度强化学习算法将近似强化学习当中不同的元素：可以选择使用神经网络来近似值函数（即估计状态和状态 – 行动对的良好程度），也可以选择使用神经网络来近似策略（即智能体在既定状态下选择行动的策略），还可以选择通过神经网络络来学习动态模型。当强化学习的元素被神经网络来参数化后，就能利用反向传播机制和随机梯度下降算法来更新神经网络参数（即权重）。本章讨论将 DNN 分别应用于近似值函数、策略函数和强化学习模型的几种典型深度强化学习算法。

6.2 深度神经网络

本节将回顾深度神经网络的基础理论。熟悉神经网络的读者可以快速浏览本节，温故而知新。没有相关基础的读者可以将本节作为先导篇，开启全面学习神经网络的征程，下文提到的文献中也能找到有关深度神经网络的各类教程。

125
≀
126

总的来讲，人工神经网络（Artificial Neural Network，ANN）是一种计算模型，用于模仿人脑中的生物神经网络处理传入信息机制的过程。ANN 的基础元素是神经元，它从其他神经元或外部源接收输入信息，然后计算出输出。ANN 中神经元的输入是各个输入值的加权和，即：

$$y = f(w_0 + w_1 x_1 + w_2 x_2)$$

其中，x_1、x_2 是来自其他神经元或外部源的输入值，w_0、w_1、w_2 是分配权重（w_0 是一个偏差项）。通常选择 sigmoid 函数或 ReLU 函数作为神经元：

$$\text{sigmoid:} \quad f(x) = \frac{1}{1 + e^{-x}}$$

$$\text{ReLU:} \quad f(x) = \max\{0, x\}$$

当然，也可以选择感知机（perceptron）函数或 tanh 函数。

随后，ANN 被定义为一组相互连接的神经元。如图 6-1 所示，前馈神经网络是首个也是最简单的具有明确定义的输入层、隐藏层和输出层的 ANN。如果一个 ANN 在输入层和输出层间有多个隐藏层，我们将此称为深度神经网络（DNN）。大多数情况下，DNN 能对复杂的非线性关系进行建模。为了学习 DNN 中的分配权重，需要测量一些近似误差，即需要将损失函数或成本函数定义为 DNN 训练或学习中的目标。典型的成本函数包括二次函数（quadratic function）和交叉熵函数（cross entropy function）。之后通过选择正确的权重和偏差值实现成本函数的最小化。如此就能使用梯度下降算法来获得最优权重及最优偏差值选择——该过程通过从输出层到输入层的多层级反向传播来实现。但是，训练 DNN 时也会有如下工程顾虑：

127

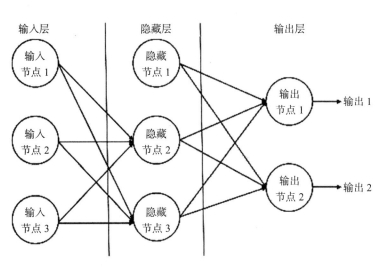

图 6-1　前馈神经网络

1）网络权重的初始化：通常，初始化后的权重应该足够大，只有这样梯度才不会通过深度网络衰减为零（后文会详细讨论该问题）。但该权重也不宜过大，以免非线性层级发生饱和。可以采用随机初始化，但这一方法肯定不遵循上述提及的初始化原则。Xavier 初始化是更好的选择，其每个权重均取自均值为零且方差如下所示的分布：

$$\text{Var}(w_j) = \frac{1}{n_j}$$

其中，n_j 表示神经元 j 的输入数量。

2）选择合适的批尺寸（batch size）：批处理让我们能够利用随机梯度下降算法实现成本函数的最小化。然而，在决定批尺寸时需要进行权衡。如果批尺寸过小，数据将不具备代表性，如果批尺寸过大，训练时间就会变长。因此对批尺寸的选择需要依赖特定的应用场景以及相关经验。

3）学习率：它决定了梯度下降过程中的步长（step size）。如果步长过小，那么收敛速度会很慢；如果步长过大，那么该算法可能无法收敛至最佳效果，而是在最佳效果周围震荡。这种现象意味着步长的选择应当从较大的值开始，随着解决方法越来越接近最佳值，逐渐缩小步长。因此各类文献提出了一些自适应梯度下降算法（例如 AdaGrad、RMSProp 和 Adam 等）。这些方法能够基于下降速率调整学习率。

4）过拟合：过拟合问题指的是所训练的统计模型的参数数量超出了数据可以验证的范围。这样的模型很难适用于其他数据集。迄今为止，已经发现有些方法能缓解这个问题：目前得到最广泛应用的 L1/L2 正则化方法，该方法能够通过为模型中较大权重增加惩罚的方式来缓解过拟合问题；dropout 是神经网络特有的技术，在该项技术中，神经元在训练的过程中可以被随机丢弃，所以网络不会过度依赖任何特定的神经元；另一种方法则是通过使图像倾斜和在声音数据上添加低白噪声等方法扩展数据集。然后该扩展的数据集被用于训练中。

总之，广为人知的 DNN 包括：（1）用于计算机视觉和自动语音识别（Automatic Speech Recognition, ASR）的卷积神经网络（Convolutional Neural Network，CNN）；（2）用于语言建模的循环神经网络（Recurrent Neural Network, RNN）。下文将介绍有关这两种网络的基本原理及思想。对 DNN 设计细节感兴趣的读者可阅读文献 [62, 118, 44]。

6.2.1　卷积神经网络

正如简单的感知机在神经网络中扮演了激活函数的角色，卷积神经网络也源于生物研究。Hubel 和 Wiesel 研究了哺乳动物的视觉皮层结构，发现视觉皮层中的神经元只有较小的局部感受范围（receptive field）。由于这项突破性发现，Hubel 和 Wiesel 共同获得了 1981 年的诺贝尔奖。受该结果启发，Yann LeCun 等人在文献 [80] 中介绍了如图 6-2 所示的著名 LeNet-5 架构——首个用于数字识别的 CNN。通常情况下，CNN 的架构包含几个技术层面：卷积、滤波和下采样。

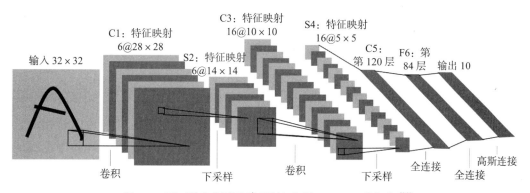

图 6-2　用于数字识别的卷积神经网络 LeNet-5 的架构 [80]

　　下面详述 LeNet-5 的技术层面。LeNet-5 包含 7 层，每层都包括可训练的权重。输入是大小为 32×32 的图像。卷积层标记为 CX，下采样层标记为 SX，全连接层标记为 FX，其中 x 是层级索引。在卷积层中，使用滤波器（filter）对输入数据执行卷积计算。此类滤波器通常被视为在输入总量的宽度和高度上滑动的网格。图 6-3 中展示了一个已分配权重的大小为 3×3 的卷积滤波器。在 LeNet-5 中，C1 层有 6 个使用了不同卷积滤波器的特征映射（feature map）。每个特征映射中的每个单元都是对输入图像像素进行 5×5 卷积滤波的结果。滤波器在图像的宽度和高度上每次只滑动一个单位（即步幅 =1）。之后特征映射的大小为 28×28，能够防止滑出边界。下采样层（也称作池化层）将对特征映射进行下采样，从而减少内存使用、计算机负载以及参数数量。例如，可以通过对特征映射中的邻域取最大值或求和来完成下采样。在 LeNet-5 的 S2 层，特征映射当中的每个单元都与 C1 层相应特征映射中 2×2 大小的邻域相连。将四个输入添加到 S2 层中的一个单元，然后乘以权重，再添加偏差值（bias value），得到的结果将通过 sigmoidal 函数进行传递。请注意，包含非重叠 2×2 接收域的池化层将删除 75% 的信息。同样，LeNet-5 中的其他 CX 层和 SX 层也分别如 C1 和 S2 一样。最终，LeNet-5 的输出层由欧式径向基（Euclidean radial basis）函数单元组成，可以将其解释为 F6 层的配置空间中高斯分布的非标准化负对数似然。

　　dropout 技术通常与 CNN 一同使用来防止过拟合。除了 LeNet-5，还有 AlexNet、

129

GooglLeNet 和 ResNet 等其他知名的 CNN 架构。感兴趣的读者可以从文献中获取详细信息。

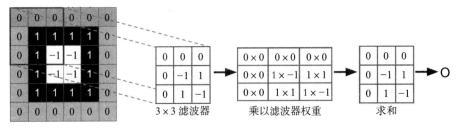

图 6-3　卷积滤波

6.2.2　循环神经网络

在现实世界中，不是所有问题都像 CNN 中的数字识别问题那样可以转化成长度固定的输入和输出的问题。例如，想一想这样一个问题：如果神经网络中输入的二进制序列（例如 10101110）有偶数个 1，那么输出就是正确的（true），否则输出为错误的（false）。既然输入序列的长度不固定，这个问题就需要神经网络在时域上存储和使用上下文信息。受此驱动，神经网络中的神经元应将之前的输出或隐藏状态作为 t 时刻的输入。如图 6-4 中的例子所示，通过上述步骤，该循环神经元利用了在 t 时刻前发生的事情的相关历史信息。也就是说，该神经元具有一定的记忆力。具有此类循环神经元的网络被称作循环神经网络（RNN）。

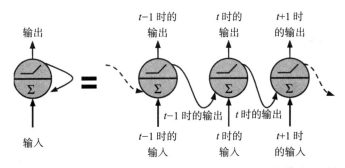

图 6-4　随时间变动的循环神经元（左）的行为：将时间 $t-1$ 时的输出和时间 t 时的输入
进行汇总，然后输入激活函数以在时间 t 生成输出

不论是在序列还是在单个向量值上，RNN 的输入和输出都非常灵活。一方面，映射可以是"序列到向量"（sequence to vector）或"序列到序列"（sequence to sequence）。以情感分类（例如，对 IMDB 的电影影评进行分类）为例，输入是包含一个或多个词的评论，而输出则是基于评论得出的"正面的"（positive）或"负面的"

（negative）的结论。图 6-5 展示了情感分类的两种 RNN 映射。此外，映射也可以是"单向量"到"序列"。以如图 6-6 展示的图像描述为例，输入的是一个图像，系统将生成一句描写图像内容的句子作为输出。

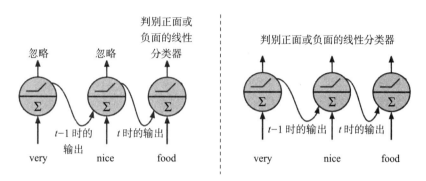

图 6-5　情感分类。左：序列到单向量的 RNN 映射。右：序列到序列的 RNN 映射

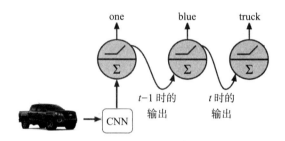

图 6-6　运用 RNN 的图像描述

可以使用反向传播算法来训练 RNN。回想一下，反向传播将误差梯度从输出层传播至输入层。然而，对深度网络而言，反向传播的一个关键问题是梯度消失及爆炸。具体而言，当误差梯度反向传播至低层级（即靠近输入层的层级）时，梯度会变得越来越小。最终，在更低的层级上权重不会变化。但是对立情况也极有可能发生——梯度在反向传播的过程中发生爆炸。要解决此类问题，可以缩短循环神经元中用于预测的时间步长，但这使模型在预测更长趋势时表现更糟。除此以外，随着时间的流逝，RNN 将开始"遗忘"首批输入，因为信息在经过循环神经元的每一步中都会丢失部分信息。最终，提出了长短期记忆（Long Short-Term Memory，LSTM）神经元来解决这类问题。文献 [57] 详细介绍了 LSTM 神经元的结构。

[131]

6.3　深度学习在值函数上的应用

回想一下，值函数是对未来奖励的预测，它表示智能体在特定状态下的优势，或智能体在特定状态下执行该行动的优势。值函数可以表示为查找表的形式，其中状态空间的每个状态都有各自的值。使用强化学习解决大型现实问题时（例如让机器人在连续状态空间里导航），由于状态空间连续或过大，强化学习无法表征表格中的所有条目。在这种情况下，可以不考虑状态空间的大小，用近似值函数来估算真实的值函数。

本章中，值函数可近似表示为：

$$V(s;w) \approx V_\pi(s)$$

其中，V_π是特定策略π下的真实状态值函数。$V(s;w)$是权重向量w参数化的近似函数。给定输入状态s，其中s可以是状态空间中的任一状态，将其馈送至函数逼近器（function approximator），而函数逼近器应尽可能匹配真实值函数。之后，基于值的深度强化学习使用深度学习（例如深度神经网络）来表征值函数。

类似地，也可以使用同一方式来实现行动 – 值函数的近似。

$$Q(s,a;\theta) \approx Q_\pi(s,a)$$

其中，$a \in \mathcal{A}$是行动。回想一下 Q-learning 的相关内容，Q值被更新为：

$$Q(s,a) \leftarrow Q(s,a) + \alpha[r + \gamma \max_{a'} Q(s',a') - Q(s,a)] \qquad （6.1）$$

总体而言，在使用表格法（tabular method）时，Q值可以收敛至最优值。然而，将 Q-learning 算法与非线性逼近器（例如神经网络）结合使用时，会导致 Q 网络（Q-network）发散。这是由于"观察序列中存在相关性，对Q值进行小幅更新可能会显著改变策略，从而改变数据分布，改变行动值和目标值之间的相关关系"[109]。顺着这个思路，谷歌 DeepMind 研发的深度 Q 网络（Deep Q-Network, DQN）取得了开创性成果，它成功地结合了 Q-learning 算法和深度神经网络，并使用了新型策略来稳定 Q-learning 算法。在 DQN 的训练过程中，智能体直接从高维度的原始数据中学习。除此以外，DQN 证明其强化学习智能体在玩 2600 款 Atari 游戏时能够达到与职业人类玩家相等或更高的水准。接下来将详细介绍 DQN。

DQN

总体而言，DQN 利用两种主要技巧来稳定 Q-learning：固定目标 Q 网络（fixed target Q-network）和经验回放（experience replay）。如下所示，记住我们的目标是在深度神经网络当中找到最优的参数θ使得：

$$Q(s,a;\theta) \approx Q_\pi(s,a)$$

在 DQN 中，θ 的有序优化可以通过将每次迭代中优化的损失函数 $\mathcal{L}_i(\theta_i)$ 序列最小化来实现。

$$\mathcal{L}_i(\theta_i) = E_{s,a,r,s' \sim \rho}[(r + \gamma \max_{a'} Q(s',a';\theta_i) - Q(s,a;\theta_i))^2] \qquad (6.2)$$

其中，ρ 是状态 s、s'、奖励 r 以及行动 a 的联合概率分布。要注意该损失函数是在 Q-learning 中第 i 轮迭代更新式（6.1）时所使用的函数。

DQN 选用了固定目标 Q 网络，该网络在 Q-learning 的目标 y_i 中用了一套旧参数 θ^-，如下所示：

$$y_i = r + \gamma \max_{a'} \hat{Q}(s',a';\theta^-) \qquad (6.3)$$

其中，$\hat{Q}$ 表示目标 Q 网络。也就是说，DQN 为 Q-learning 目标保留了独立的 Q 网络，并定期进行更新。经过 C 次更新后，将 Q 网络当前的参数 θ 克隆到目标 Q 网络 $\hat{Q}$ 中，接着在后续的 C 次更新里固定 $\hat{Q}$。更新 Q-learning 目标的延迟类似于监督学习，其中目标不依赖于需要更新的参数，所以这个方法能够增加稳定性。该延迟使得目标函数不会变化过快，从而减小振荡和发散的可能性。使用固定目标 Q 网络，损失函数可以重写为：

$$\mathcal{L}_i(\theta_i) = E_{s,a,r,s' \sim \rho}[(r + \gamma \max_{a'} \hat{Q}(s',a';\theta^-) - Q(s,a;\theta_i))^2] \qquad (6.4)$$

之后，为了在优化第 i 轮迭代中深度神经网络的权重 θ_i，将损失函数相对 θ 进行微分，并得如下结果：

$$\nabla_{\theta_i} \mathcal{L}_i(\theta_i) = 2E_{s,a,r,s' \sim \rho}[(r + \gamma \max_{a'} \hat{Q}(s',a';\theta^-) - Q(s,a;\theta_i)) \nabla_{\theta_i} Q(s,a;\theta_i)] \qquad (6.5)$$

我们可以看到，计算上述梯度中的全部期望并不容易，所幸随机梯度下降（Stochastic Gradient Descent，SGD）优化法在各类文献中被广泛使用。该方法为梯度下降优化的随机近似，并试着通过迭代找到极小值或极大值。因此，使用 SGD，$\nabla_{\theta_i} \mathcal{L}_i(\theta_i)$ 中的期望值被一个采样值代替，并且如式（6.6）迭代更新神经网络权重 θ：

$$\theta_{i+1} = \theta_i + \alpha \nabla_{\theta_i} \mathcal{L}_i(\theta_i) \qquad (6.6)$$

此外，为了确保学习稳定性，DQN 采用了另一种新技能——经验回放。经验回放根据智能体在每个时间步内观察到的经验来构建数据集。在时间 t 处，智能体观察到状态为 s_t，执行行动 a_t，接收奖励 r_t，然后移至下一状态 s_{t+1}。之后智能体

将经验元组 $e_t = (s_t, a_t, r_t, s_{t+1})$ 附加至回放缓冲区 $D = \{e_1, e_2, \cdots, e_t\}$。在执行 Q-learning 更新时，它不会选择在线样本，而是从回放缓冲区 D 中随机抽取样本。与传统 Q-learning 相比，经验回放有许多优势：首先，智能体能从数据中更高效地学习，因为每一个经验都被用在多次权重更新当中；其次，它减少了 Q-learning 更新中的误差。在传统的 Q-learning 中，连续样本是高度相关的（例如，提到某个电子游戏时，人们能想象到一幕接一幕的场景彼此是高度相关的）。经验回放的随机采样打破了这种相关性。

其实，DQN 是一个无模型的离线策略算法，仅使用仿真器的样本来解决任务。综上所述，DQN 伪代码如算法 19 所示，智能体采用 ε-greedy 策略来选择行动和执行行动等。除此以外，函数 ϕ 可用于生成历史事件的固定长度表征，并将其作为输入馈入神经网络。

Algorithm 19   DQN Algorithm

1: Initialize replay memory D to capacity N
2: Initialize action-value function Q with random weights θ
3: Initialize target action-value function $\hat{Q}$ with weights $\theta^- = \theta$
4: **for** episode $= 1, 2, \cdots, M$ **do**
5:　　Initialize sequence $s_1 = \{x_1\}$ (x_i is the raw data from the environment) and preprocess the sequence $\phi_1 = \phi(s_1)$
6:　　**for** $t = 1, 2, \cdots, T$ **do**
7:　　　　Select a random action a_t using ϵ greedy policy
8:　　　　Execute action a_t and observe reward r_t and the new data input x_{t+1} from the environment
9:　　　　Set $s_{t+1} = s_t, a_t, x_{t+1}$ and preprocess $\phi_{t+1} = \phi(s_{t+1})$
10:　　　Store transition $(\phi_t, a_t, r_t, \phi_{t+1})$ in D
11:　　　Sample random minibatch of transitions $(\phi_j, a_j, r_j, \phi_{j+1})$ from D
12:　　　Set $y_j = \begin{cases} r_j, \text{if episode terminates at step } j+1 \\ r_j + \gamma max_{a'}\hat{Q}(\phi_{j+1}, a'; \theta^-), \text{otherwise} \end{cases}$
13:　　　Preform a gradient descent step on $(y_j - Q(\phi_j, a_j; \theta))^2$ with respect to the network parameters θ, i.e., update in (6.6)
14:　　　Every C steps reset $\hat{Q} = Q$
15:　　**end for**
16: **end for**

示例

示例 6.1 自动刹车系统 [26]

预计在不久的将来，自动驾驶将变得更加普及。在自动驾驶所必需的极具挑战性的安全设计中，自动刹车系统堪称重中之重。具体而言，当检测到有威胁性的障碍物时，该刹车系统会自动降低车速。由于实际道路存在各种各样不可预测的情况，自动驾驶不能采用任何事先设计好的刹车控制协议，于是研发了基于 DQN 的智能刹车系统。以行人对车辆的威胁为例，强化学习模型的描述如下（见图 6-7）：

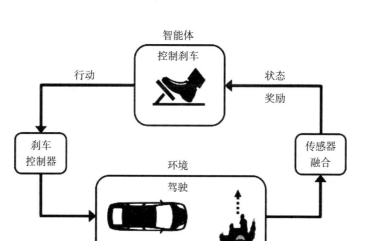

图 6-7　基于 DQN 的自动刹车系统 [26]

　　状态：状态是车速以及行人相对于行驶车辆的相对位置。显然，状态空间是连续的，我们需要使用 DNN 来近似连续空间函数。

　　行动：这里提出的刹车系统包含强度不同的四种行动：不刹车、轻踩刹车、中等强度刹车和重踩刹车。当然，也可以采用更精确更细化的刹车行动。

　　奖励：可以将实例 t 处的直观奖励函数定义为：

$$r_t = -(\alpha d_t + \beta)\delta_t - (\eta v_t^2 + \lambda)1_{ac}$$

其中，d_t 代表车辆与行人的相对距离，δ_t 表示车速 v_t 和 v_{t-1} 之间的差。公式第一项 $(ad_t + \beta)\delta_t$ 可防止车辆过早刹车。此外，$(\eta v_t^2 + \lambda)1_{ac}$（$1_x$ 是事件 x 中的指示函数）表示在事故发生时智能体受到的惩罚（即，车速越大，惩罚越大）。调节参数 α，β，η，λ 用于权衡 $(ad_t + \beta)\delta_t$ 和 $(\eta v_t^2 + \lambda)1_{ac}$ 的权重。

　　在实验中，泄漏修正线性单元（leaky Rectified Linear Unit，leaky ReLU）[115] 被用作 DNN 中每个神经元的非线性函数。除此之外，使用 RMSProp 算法来优化神经网络。如图 6-8 所示，在 1000 次行人初始位置不同的实验里，大多数车辆都能够在距离行人 5 米处及时停下。若以 3 米作为安全距离标准，这种基于 DQN 的刹车系统表现良好。

136

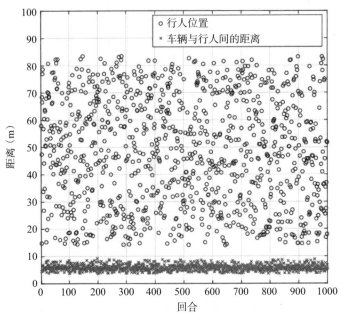

图 6-8　1000 次实验中行人的初始位置、行人和车辆间的相对距离 [26]

6.4　深度学习在策略函数上的应用

前一节介绍了基于值的深度强化学习技术，该技术根据 ε-greedy 策略等估算的状态 – 行动值来选择行动。然而，基于值的深度强化学习不仅在连续行动执行上有局限性，还经常需要巨大的经验回放缓冲区。本节将讨论能够解决基于值的深度强化学习局限性的另一种方法——基于策略的深度强化学习。

5.3.3 节中已介绍了策略梯度法。也就是说，用参数 w 直接将策略参数化，其中会使用 $\mu_w(s)$（或 $\mu(s\,|\,w)$）、$\pi_w(a\,|\,s)$（或 $\pi(a\,|\,s,w)$）和行动的概率分布来分别代表确定性策略和随机策略。与基于值的学习相比，策略梯度具有多个优势。一方面，策略梯度法在具有连续行动空间的强化学习中很流行。此外，策略梯度可以学习随机策略，而基于值的学习仅能生成贪心策略等确定性策略。为了确保完整性，下面简要回顾策略梯度方法的主要步骤。

为了优化策略参数 w，目标函数 $J(w)$ 定义如下：

$$J(w) = v_{\pi_w}(s_0) = E[r_1 + \gamma r_2 + \gamma^2 r_3 + \cdots \,|\, s_0, \pi(:,w)]$$

其中，参数 w 的梯度（梯度策略定理 [160]）由式（6.7）推导得出：

$$\nabla_w J(w) = \sum_s p_\pi(s\,|\,w)\left[\sum_a Q^{\pi_w}(s,a)\nabla_w \pi(a\,|\,s,w)\right] \tag{6.7}$$
$$= E_\pi[Q^{\pi_w}(s,a)\nabla_w \log \pi(a\,|\,s,w)]$$

其中，$p_\pi(s\,|\,w)=\lim_{t\to\infty}Pr(S_t=s\,|\,s_0,w)$ 是在 π 下状态的静态分布，假定它存在且在任何策略中都独立于 s_0。为了利用优化后的 w 实现回报期望 $J(w)$ 的最大化，可以使用随机梯度下降法迭代更新参数 w：

$$w_{t+1}=w_t+\alpha\nabla_{w_t}J(w_t)$$

其中，$\nabla_{w_t}J(w_t)$ 是性能评估的梯度，w_t 为第 t 轮迭代时的参数。任何遵照该通用迭代方案找到最佳策略的方法都称为策略梯度法。

5.3.3 节中介绍了首个策略梯度算法 REINFORCE，式（6.7）中的 $Q^{\pi_w}(s,a)$ 是由从时间步 t 开始接收的回报值 G_t 估算得来：

$$w_{t+1}=w_t+\alpha\gamma^t G_t\frac{\nabla_{w_t}\pi(a\,|\,s,w_t)}{\pi(a\,|\,s,w_t)}$$

138
~
139

但是，由于蒙特卡罗采样的特性，REINFORCE 算法常常遇到方差值过高的问题。减少此类高方差的一种方法是从式（6.7）中减去基线函数 $B(s)=V_{\pi_w}(s)$（状态值函数），即

$$\begin{aligned}\nabla_w J(w)&=\sum_s p_\pi(s\,|\,w)\left[\sum_a(Q^{\pi_w}(s,a)-V_{\pi_w}(s))\nabla_w\pi(a\,|\,s,w)\right]\\&=E_\pi[(Q^{\pi_w}(s,a)-V_{\pi_w}(s))\nabla_w\log\pi(a\,|\,s,w)]\end{aligned}\qquad(6.8)$$

为了进一步减小学习过程中的高方差，还可以利用类似 TD 算法的自举法，采用 actor-critic 算法近似策略和值。actor 指的是学习到的策略 π_w，critic 指的是行动 - 值函数的逼近器 $Q(s,a\,|\,\theta)\approx Q^{\pi_w}(s,a)$，其中 θ 是 critic 的参数。利用这一原理减少方差的方法包括异步优势 actor-critic 算法（Asynchronous Advantage Actor-Critic，A3C）[108]、广义优势估计（Generalized Advantage Estimation，GAE）[144] 等。顺着这个思路，Silver 等人 [151] 提出了确定性策略梯度（Deterministic Policy Gradient，DPG）算法。DPG 是离线策略的 actor-critic 算法。DPG 和随机策略梯度法的区别在于，DPG 是行动 - 值函数在状态空间上的梯度期望，而随机策略梯度则是在状态空间和行动空间上的梯度期望。事实证明，与随机策略梯度相比，DPG 可以进行更高效的估算，并在高维度任务中表现更好。

随着深度学习在 DQN 这样基于值的强化学习中的成功应用，它也成为基于策略的强化学习中的重要部分。一个方向是，在策略梯度方法中，通过 DNN 对策略进行参数化。另一个方向是，上述提及的 actor-critic 算法也能整合进深度学习（通过使用 DNN 来近似策略和值函数）。下面将介绍两种基于策略的基础深度强化学习算法，即深度 DPG（DDPG）[90] 和 A3C [108]。

6.4.1 DDPG

首先简要介绍确定性策略梯度（DPG）算法。本质上讲，DPG 可被视作式（6.7）中策略梯度定理的确定性模拟。也就是说，使用参数化的确定性策略 $\eta_w(s)$ 后可以得出

$$\nabla_w J(w) = \mathbb{E}_s[\nabla_w \mu_w(s) \nabla_a Q^{\mu_w}(s,a)\,|\,_{a=\mu_w(s)}] \tag{6.9}$$

以上公式与随机版本的式（6.7）并不一致。然而 Silver 等人[151]表明，在大量随机策略中，DPG 实际上只是随机策略梯度的其中一个案例。

现在借用 DPG 来介绍一种确定性 actor-critic 算法——DDPG。回想一下，在将深度学习应用于值函数近似的过程中，DQN 能稳定这一原本不稳定的过程。然而，在连续行动空间下直接使用 DQN 是相当困难的。将该连续空间离散化是一种解决方法。然而，这个方法有很多局限性。首先，这可能会导致维度灾难。在 DQN 中，需要选择在每一步中都能使得 Q 值最大化的行动。从计算方面讲，当行动空间过大时，在每个行为上实现 Q 值最大化将付出较大的代价，大部分情况下都难以实现。为解决这一问题，DDPG 将 DPG 与 DQN 相结合。DDPG 是一种使用深度学习进行函数近似的无模型离线策略的 actor-critic 算法，因此能够学习连续行为。在文献 [90] 中已证明，DDPG 可以使用相同网络架构及超参数在 20 个仿真物理任务中表现出较强的鲁棒性和稳定性。DDPG 还能从原始的像素观察中学习策略。图 6-9 展示了任务中使用的部分环境渲染。

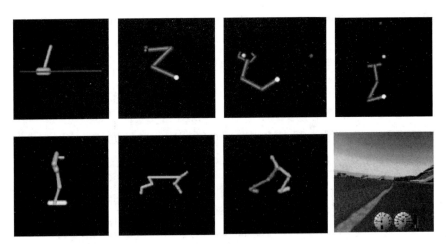

图 6-9　用 DDPG 解决的环境样本中的示例截图。从左上角起：车杆摆动任务、目标获取任务、目标获取并移动任务、冰球击打任务、单脚平衡任务、两个运动任务和 Torcs（驾驶模拟器）[90]

　　具体而言，DDPG 具有能够评估确定性策略的 actor 网络 $\mu(s\,|\,w)$ 和能够估算值函数的 critic 网络 $Q(s,a\,|\,\theta)$。与 DQN 相似，DDPG 运用了固定目标网络的理念来减小值函数的变化，并运用经验回放以打破训练中样本数据的相关性。此外，DDPG 不会周期性地复制所有目标参数，相反它使用了更复杂的目标更新方式：

$$w' \leftarrow \tau w + (1-\tau)w', \quad \tau \ll 1 \tag{6.10}$$

　　DDPG 为 actor μ' 和 critic Q' 维护了目标网络。这种方法让目标网络得以缓慢变化，并增强训练稳定性。

[141]

　　观察低维特征后不难发现，不同组件中物理单元间的差异导致很难找到能运用于全局的超参数。DDPG 运用批标准化（batch normalization）在各种环境中进行有效学习。此外，为了解决连续行动空间里确定性策略的探索性不足的问题，DDPG 通过向 actor 添加噪声样本来引入探索策略：

$$\mu'(s_t) = \mu(s_t\,|\,w_t) + \mathcal{N} \tag{6.11}$$

其中，$\mathcal{N}$ 是一个噪声过程。DDPG 算法总结在算法 20 中。

Algorithm 20　DDPG Algorithm

1: Randomly initialize critic network $Q(s,a|\theta)$ and actor $\mu(s|w)$ with weights θ and w
2: Initialize target network Q' and μ' with weights $\theta' \leftarrow \theta$, $w' \leftarrow w$
3: Initialize replay buffer D
4: **for** episode $=1, 2, \cdots, M$ **do**
5: 　　Initialize a random process $\mathcal{N}$ for action exploration
6: 　　Receive initial observation state s_1
7: 　　**for** t$=1, 2, \cdots, T$ **do**
8: 　　　　Select action $a_t = \mu(s_t|w) + \mathcal{N}_t$ according to the current policy and exploration noise
9: 　　　　Execute action a_t and observe reward r_t and observe new state s_{t+1}
10: 　　　Store transition (s_t, a_t, r_t, s_{t+1}) in D
11: 　　　Sample a random minibatch of N transitions (s_i, a_i, r_i, s_{i+1}) from D
12: 　　　Set $y_i = r_i + \gamma Q'(s_{i+1}, \mu'(s_{i+1}|w')|\theta')$
13: 　　　Update critic (i.e., parameter θ) by minimizing the loss:

$$L = \frac{1}{N} \sum_{i=1}^{N} (y_i - Q(s_i, a_i|\theta))^2$$

14:　　　Update the actor policy (i.e., parameter w) using the sampled policy gradient:

$$\nabla_w J(w) \approx \frac{1}{N} \sum_{i=1}^{N} \nabla_a Q(s,a|\theta)|_{s=s_i,a=\mu(s_i|w)} \nabla_w \mu(s|w)|_{s=s_i}$$

15:　　　Update the target networks:

$$\theta' \leftarrow \tau\theta + (1-\tau)\theta'$$
$$w' \leftarrow \tau w + (1-\tau)w'$$

16:　　**end for**
17: **end for**

6.4.2　A3C

A3C 算法结合了 actor-critic 算法（5.3.4 节对此进行介绍）以及异步并行 actor-learner 的思想。与 actor-critic 算法类似，A3C 算法通过 DNN 维护策略网络（actor）和值网络（critic），其中策略网络用于预测行动概率，而值网络用于评估策略的优劣。该算法的更新过程将状态值函数用作基准偏差函数（即优势函数）。然而，A3C 算法使用具有共享参数以及多个智能体线程的全局网络，这些智能体线程具有独立的用于学习的参数设置，且在各自的环境副本中同时运行，累计梯度，然后以迭代的方式异步更新全局网络参数。A3C 算法的架构如图 6-10 所示。

[142]

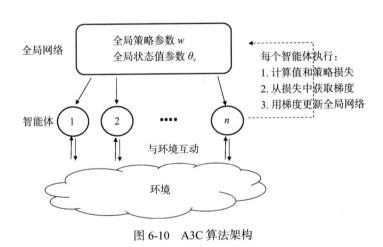

图 6-10　A3C 算法架构

多智能体的应用有以下优势。首先，它有助于稳定训练。由于每个智能体有各自的环境副本，它们能够同时探索环境的各个部分并使用不同策略。换句话说，不同智能体可能会经历不同的状态和转移过程。因此，与使用单个智能体相比，当多智能体以异步方式使用其本地参数更新全局参数时，全局参数更新的相关性会减少。其次，A3C 算法的多线程本质表明，A3C 算法只需很少的内存来存储经验，即不需要像 DQN 那样存储样本以进行经验回放。再者，A3C 算法的实践优势在于它允许在多核 CPU 而非 GPU 上进行训练。例如，当应用于多种 Atari 游戏时，智能体使用异步方法可以获取更好的结果，同时占用的资源比使用 GPU 所需的资源要少得多。算法 21 展示了一个 actor-learner 线程的 A3C 算法。

Algorithm 21   A3C Algorithm - each actor-learner thread

1: Initialize global shared parameter vectors w and θ_v and set global shared counter $T = 0$
2: Initialize thread-specific parameter vectors w' and θ_v'
3: Initialize thread step counter $t \leftarrow 1$
4: **repeat**
5:     Reset gradients: $dw \leftarrow 0$ and $d\theta_v \leftarrow 0$
6:     Synchronize thread-specific parameters $w' = w$ and $\theta_v' = \theta_v$
7:     Set $t_{\text{start}} = t$, get state s_t
8:     **repeat**
9:         Perform a_t according to policy $\pi(a_t|s_t; w')$
10:        Receive reward r_t and new state s_{t+1}
11:        $t \leftarrow t + 1$
12:        $T \leftarrow T + 1$
13:     **until** terminal s_t **or** $t - t_{\text{start}} == t_{\max}$
14:     $R = \begin{cases} 0, & \text{for terminal } s_t \\ V(s_t; \theta_v'), & \text{for non-terminal } s_t \text{ //Bootstrap from last state} \end{cases}$
15:     **for** $i \in \{t-1, ..., t_{\text{start}}\}$ **do**
16:        $R \leftarrow r_i + \gamma R$
17:        Accumulate gradients with respect to global shared w:

$$dw \leftarrow dw + \nabla_{w'} \log \pi(a_i|s_i; w')(R - V(s_i; \theta_v'))$$

18:        Accumulate gradients with respect to global shared θ_v:

$$d\theta_v \leftarrow d\theta_v + \nabla_{\theta_v'}(R - V(s_i; \theta_v'))^2$$

19:     **end for**
20:     Perform asynchronous update of w using dw and of θ_v using $d\theta_v$
21: **until** $T > T_{\max}$

要注意，策略和值函数的更新均涉及 n 步回报的混合。也就是说，在每个 $t_{\max}$ 行动之后或达到最终状态时，都要更新策略和值函数。本质上，这种更新实现了梯度的迭代：

143
∼
144

$$\nabla_{w'} \log \pi(a_t \mid s_t; w') \left(\sum_{i=0}^{k-1} \gamma^i r_{t+i} + \gamma^k V(s_{t+k}; \theta'_v) - V(s_t; \theta'_v) \right)$$

其中，k 随着状态的变化而变化，上限为 t_{max}。如上所述，为了改善学习稳定性，A3C 算法应用了并行 actor-learner 以及累计式更新。换句话说，异步更新和来自每个 actor-learner 的不同经历打破了环境输入与系统之间的相关性。在实践中，神经网络的部分参数通常由策略和值函数共享。在文献 [108] 中，两个网络都使用了卷积神经网络，其中卷积神经网络具有所有非输出层都共享的用于策略 $\pi(a_t \mid s_t; w)$ 的 softmax 输出以及值函数 $V(s_t; \theta_v)$ 的线性输出。

熵可以度量随机变量的不确定性 [31]。令 X 为包含字母 $\mathcal{X}$ 和概率质量函数 $p(x) = Pr\{X = x\}, x \in \mathcal{X}$ 的离散随机变量，那么 X 的熵定义为

$$H(X) = -\sum_{x \in \mathcal{X}} p(x) \log p(x)$$

举个例子，假设 $X = a, b, c, d$ 的概率分别为 $\frac{1}{2}, \frac{1}{4}, \frac{1}{8}$ 和 $\frac{1}{8}$，那么

$$H(X) = -\frac{1}{2} \log \frac{1}{2} - \frac{1}{4} \log \frac{1}{4} - \frac{1}{8} \log \frac{1}{8} - \frac{1}{8} \log \frac{1}{8} = \frac{7}{4}$$

同样地，如果 X 是概率密度函数 $f(x) > 0$ 的连续随机变量，那么（微分）熵 $H(X)$ 定义为

$$H(X) = -\int_S f(x) \log f(x) \mathrm{d}x$$

其中，S 是随机变量的支持集。例如，一个随机变量均匀分布在闭集 $[0, a)$ 上，即其概率密度在 $[0, a)$ 上为 $\frac{1}{a}$，否则为 0，那么

$$H(X) = -\int_0^a \frac{1}{a} \log \frac{1}{a} = \log a$$

145 ∼ 146

除此以外，正如文献 [108] 中所述，将策略 π 的熵添加至目标函数可以改善探索，这主要是通过阻止过早收敛到次优确定性策略来实现的。这样，关于策略参数的新目标函数可由下式得出：

$$\nabla_{w'} \log \pi(a_t \mid s_t; w')(R - V(s_t; \theta'_v)) + \beta H(\pi(s_t; w'))$$

其中，H 是（微分）熵，β 是熵正则化的权重。

示例

示例 6.2 针对自动驾驶的虚拟 – 现实强化学习 [122]

自动驾驶需要智能体学习驾驶策略，该策略根据观察到的环境自动输出方向盘、油门、刹车等控制信号。为了实现这一策略，监督学习的想法相对直接，它需要大量的数据来捕获大多数道路上的情况，而强化学习的本质则是试错和学习，相比之下，强化学习更有前景。但是，试错过程中车辆和周围环境的损毁会导致高昂的训练成本，因此禁止在现实世界中训练自动驾驶汽车。因此，工业界和学术界都非常需要在虚拟世界中训练智能体以达到人类同等水平的驾驶性能。

总体而言，虚拟和真实驾驶场景之间的视觉外观有所不同。但是二者总是共享相似的场景解析结构。这促进了构建仿真环境（将虚拟图像转换为真实图像）的方法，该环境在场景解析结构和物体外观两方面与真实世界极其相似。然后，就能用 A3C 算法训练这种自动驾驶系统。特别的是，输入算法的状态是通过对虚拟图像进行滤波而获得的真实图像。actor 网络有 4 层卷积网络，每层间有 ReLU 激活函数。该网络将 4 个连续性 RGB 框架作为状态输入，并输出 9 个离散行动，分别应对于"加速直行"、"加速左转"、"加速右转"、"直行并刹车""左转并刹车"、"右转并刹车"、"直行"、"左转"和"右转"。在时间步 t 的奖励为 |147|

$$r_t = \begin{cases} (v_t \cos(\alpha) - \text{dist}_{\text{center}}^{(t)})\beta, & \text{无碰撞} \\ \gamma, & \text{有碰撞} \end{cases}$$

其中，v_t 是车辆在时间步 t 处的速度（m/s），α 是车辆速度与车轨切线间的夹角，$\text{dist}_{\text{center}}^{(t)}$ 是车辆中心与车轨中点的距离。β 和 γ 是在训练开始就确定下的常数。智能体使用 12 个异步线程以及 RMSProp 优化器进行训练。此类训练假设下的最终结果证明，由 A3C 训练的驾驶策略能够很好地适应复杂的现实世界场景。详细的评价结果可以在文献 [122] 中找到。

6.5 深度学习在强化学习模型上的应用

回想一下，如果事先知道了包含状态和奖励转移概率的 MDP 模型，则可以根据第 4 章里基于模型的强化学习算法直接获取最优策略。如果环境是未知或无模型的，那么智能体总能先学习模型，再寻找最优策略。在学习模型的过程中，如果状态空间连续或过大，智能体还可以使用 DNN 近似转移概率。利用衡量模型优劣的目标函数，可以优化 DNN 中的参数或权重。正如前几节的深度强化学习算法中所提到的那样，可以使用随机梯度下降法来依次有效地解决优化问题，而不必计算目标函数梯度的全部期望值。尽管解决方案的基本理念和实现途径相当简单，但由于期间仍存在许多挑战，基于模型的深度强化学习并未得到普及。例如，初始观测表明，转移模型里的近似误差是随着转移轨迹不断累积的。因此，如果轨迹过长将会导致完全错误的奖励估计结果。

各类文献中已提出了几种使用原始数据（例如，像素信息）来学习强化学习模型的方法 [121, 99, 120, 119]。基本理念是使用自编码器将高维观测压缩至低维空间。通过这种做法，如果能准确学习环境模型，那么就能使用大多数简单、现成的基于模型的强化学习算法来解决这些任务。例如，文献 [29] 表明，即使是非常简单的控制器也能通过相机图像直接控制机器人。除此以外，学习出的模型也能帮助仅基于DNN 模型的环境仿真进行性能探索，因为这一模型能处理高维的原始数据 [131]。

使用 DNN 对环境进行建模的显著特征是，这些模型能在一定程度上克服由基于不完善模型进行规划而引起的上述复合错误。特别地，如果智能体认为模型暂时不准确，则可以选择丢弃或轻视 DNN 的输出 [131]。目前还有许多方法能利用基于DNN 的模型的灵活性。例如，基于其对模型准确度的估算，智能体能决定在长轨迹或者短轨迹之上运行，抑或仅仅采取一些行动 [124]。

总之，在基于模型的深度强化学习中模型准确度至关重要。必须找到使用原始数据的有效且高效的策略，以改善模型准确度。因此，基于模型的深度强化学习仍是一个很活跃的研究领域。

6.6   深度强化学习计算效率

尽管深度强化学习已经取得许多惊人的成就，实验成本仍是推进深度强化学习研究和工业化应用的一个关键障碍。例如，仅使用一个中央处理器（CPU）进行DQN 和 A3C 训练的时间就可能超过几周。要注意，在深度强化学习中，学习/优化权重和执行智能体当前策略都要使用神经网络。由于矩阵乘法的特殊结构优势，图形处理器（GPU）现在被广泛用于加速深度强化学习计算。这是因为神经网络的正向和反向计算本质上都是矩阵乘法。有着数百个简单内核和数千个并发硬件线程的 GPU 能显著地加速矩阵乘法。同时，使用 GPU 的成本有了量级的下降。例如，6000 内核的 GPU 成本为 11 000 美元，但是数百个 CPU 才能拥有等量的 6000 内核，其成本可能高达数百万美元。

此外，针对深度强化学习并行计算的研究已经进行了很多年，比如，使用基于参数服务器的分布式计算架构的并行 DQN 已被证实能在学习过程中实现次线性加速 [114]。除此以外，当使用单个 GPU 进行训练并使用数百个 CPU 内核进行仿真时，利用分布式优先应答缓冲能促进 DQN 更快速地学习 [59]。至于策略梯度方法 A3C，其本身就是一个并行算法，使用 GPU 也能加快仅使用 CPU 的 A3C 学习进程 [11]。

然而，需要提醒的一点是，当神经网络很大时（神经元间有数十亿个连接），使用 GPU 会引起一些问题。比如，一个有 56 亿个连接的神经网络的大小为 20 GB。这样的网络无法在一个典型的具备 5GB 内存的 GPU 上进行训练。混合使用 GPU 和 CPU 可以解决此类问题，其中有更大内存的 CPU 可以存储大部分参数。感兴趣的读者可以查阅文献 [32]，详细了解这一措施的实现方式。

6.7 本章小结

据调查报告 [6] 所述，近年来深度强化学习发展迅猛。本章仅旨在介绍一些基础的深度强化学习算法，在此基础上可以研发出更高级的算法。6.4 节介绍了包括 DDPG 和 A3C 在内的基于 actor-critic 的方法。事实上，当神经网络很大时（例如有大量参数需要优化时），直接搜索策略可能会使任务过于繁重，且会遇到局部最优问题。因此，最近又提出了包括引导策略搜索（Guided Policy Search，GPS）[83] 和信任区域策略优化（Trust Region Policy Optimization，TRPO）[65] 等方法。特别是，引导策略搜索方法能够从另一个控制器获取一些行动序列，在学习完这些行动后，它能成功地将搜索导向一个较好的（局部的）最优值。此外，TRPO 将优化步骤限制在一个区域内，因而更新后的策略不会与以前的策略有过大的差异。

正如前文所述，深度强化学习算法能处理来自实际应用程序的高维输入。然而，当样本收集成本过高或由于样本数量极其庞大而使深度强化学习的学习速度变慢时，采用先前从相关任务中获取的知识对于加速深度强化学习训练而言相当重要。在这种情形下，迁移学习 [166]、课程学习 [203] 以及其他的一些架构引起了很多关注，并成为活跃的研究领域。

150

在 SARSA、Q-learning、DQN 和 DDPG 等大多数强化学习算法中，仅采用简单的探索策略（ε-greedy 或 softmax）进行探索。第 3 章已经介绍了性能更好的 UCB 算法。在贝叶斯优化的背景下，这个算法是在探索和利用之间权衡的主要原则性探索策略之一 [146]。然而，样本效率低下或奖励稀少可能会引起问题，这意味着奖励可能会过时。这在强化学习中仍然是一个未解决的问题。顺着这个思路，文献 [143] 提出了一个使用了内在动机的优秀研究，其本质上旨在提倡减少环境学习过程中的不确定性。正如文献 [6] 中所指出的，一些有关深度强化学习的早期研究试图通过最大化信息增益 [111, 60] 或最小化模型预测误差 [155, 125] 来实现内在动机。

6.8 练习

6.1 解释为什么仅具有线性激活函数的神经网络的性能是较差的（即，神经网络中的每个神经元的输出值是输入值加权求和的常数倍）。若有必要，可以使用方程说明。

6.2 反向传播可用于寻找能激活特定神经元的图像。"引导反向传播"是一个更完善的方法，可以生成更多包含有用信息的图像。回顾 J. T. Springenber 等人的论文"Striving for Simplicity: The All Convolutional Net"，并简述引导式反向传播的工作原理。

6.3 描述 CNN 中池化层的作用。

6.4 卷积神经网络有 4 个连续的 3×3 卷积层，步幅为 1 且无池化层。该网络第 4 个无图像层级中的神经元的输入（激活的图像像素集）规模是多大？

6.5 图 6.11 为一个 3 节点 RNN。从数学角度来看，可以表示为，

$$y_t = w_3 h_t$$
$$h_t = \sigma(w_2 h_{t-1} + w_1 x_t)$$

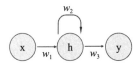

图 6-11 3 节点 RNN

其中，x_t、h_t 和 y_t 分别表示时间 t 时的输入、隐藏单元和输出。$\sigma(\cdot)$ 表示 sigmoid 函数。假设你希望用梯度下降训练该网络以得到合适的输入 / 输出的时间序列：

$$((x_1, y_1), (x_2, y_2), \cdots, (x_T, y_T))$$

推导用于训练该网络的梯度下降规则。即计算包含每个网络参数在内的梯度，并给出训练算法，该算法要使平方误差总和最小，平方误差总和表示为：

$$\sum_{t=1}^{T} (\hat{y}_t - y_t)^2$$

其中，$\hat{y}_t$ 是估算的输出。假设计算 y_1 时，$x_0 = 1$。

6.6 解释 DQN 中为什么需要"经验回放"和"固定 Q 目标"。

6.7 描述确定性策略梯度（DPG）和深度确定性策略梯度（DDPG）间的差异。

6.8 在 A3C 中以异步方式使用多个智能体的好处是什么？

Reinforcement Learning for Cyber-Physical Systems: with Cybersecurity Case Studies

案 例 研 究

Reinforcement Learning for Cyber-Physical Systems: with Cybersecurity Case Studies

强化学习与网络安全

互联网技术在现代商业中的广泛运用，使得网络安全成为日益严重、急待解决的问题。人们已经提出无数方法保护计算机系统免受网络攻击的侵害。本书第 2 章也已经介绍了网络安全的定义、目标和类型，并列举了信息物理系统中的网络安全问题。如本书第二部分所述，强化学习的本质使得这一机器学习技术成为一项富有前景的技术，可以用于解决各种各样的网络安全问题。具体来说，与监督学习等传统的学习方法相比，强化学习不需要对数据进行预处理或分类。除此以外，它还可在线适应不断变化的学习环境，成为识别变化极快的网络攻击的理想工具。本章首先简要概述当前网络安全所面临的挑战，然后探讨强化学习在网络安全保护中的应用。

7.1 传统的网络安全方法

随着计算机和网络科技的快速发展和广泛普及，越来越多企业在互联网 / 内联网环境下建立了形式各异的业务类型。因此，电子邮件、文档共享、即时消息传递和协调服务器已成为现今商业社会中最重要的信息技术基础设施。然而，在享受互联网带来的便利的同时，大部分企业没有充分意识到网络互联的相关风险。

7.1.1 传统的网络安全技术

第 2 章介绍了当前网络系统面临的部分常见威胁。本节将介绍一些传统的网络安全技术，并解释在现代互联网时代下它们存在的缺陷。

杀毒软件：运用签名匹配法，杀毒软件能够检测硬盘上现存的病毒和恶意软件[163]。然而，全盘杀毒工程消耗较大，因为它需要扫描整个硬盘。除此以外，为了确保能够及时检测出新型电脑病毒，用户还需经常更新杀毒软件的病毒数据库。这些劣势使其不适合无线传感器等轻量级设备。更重要的是，当前许多网络攻击并非通过病毒发起。例如，第 2 章介绍的常见攻击都没有明确要求发起病毒。在这种情况下，杀毒软件毫无用处。

防火墙：防火墙是内部网络和外部网络之间由软件和硬件设备的组合形成的保护屏障，根据预设规则阻隔可疑的网络连接。但是，由于规则是人为规定的，因此它们极易出错[27]。此外，确定阻挡可疑连接的规则并非易事，因为攻击者可以通过伪造 IP 地址让连接看起来尽可能无害，这会显著降低防火墙的有效性[36]。

IDS 和 IPS：IDS（Intrusion Detection System，入侵检测系统）和 IPS（Intrusion Prevention System，入侵防御系统）是用于检测、阻挡恶意程序和操作的安全系统。IDS 和 IPS 与杀毒软件的不同之处在于，它们不依赖恶意软件的特定指纹，而是从程序的行为推测恶性意图。但是，与防火墙相似，IDS 有许多局限性。近期，大量研究人员开始关注如何利用机器学习技术[4,69]来强化 IDS。读者可在后续的案例研究章节看到相关示例。

加密技术：加密是一种对信息进行编码的方法，因此只有相关方才能对文本进行解码。加密信息可以安全地进行传输，但是必须在对数据进行计算前进行解码[136]。正如第 2 章所介绍的，密码学的最新突破是所谓的同态加密，即可以不解码就对数据进行计算[45]。但是同态加密的效率仍十分受限。

身份认证技术：身份认证是指在允许用户访问网络的敏感信息前验证其身份。认证机制能降低网络环境攻击的成功率。用户名和密码是使用最为广泛的认证方法，但它们总会被各种技术破解[56]。此外，身份认证无法区分普通用户和黑客，甚至是已获取密码的攻击者。

7.1.2　新兴网络安全威胁

除了缺乏解决传统网络安全问题的端到端措施外，先进技术的使用、人们的日常行为和周围事物的改变也带来了新的网络安全威胁，它们包括但不局限于以下几种：

数据战：企业和网络犯罪分子都开始密切关注有价值的数据，有些人甚至将其视为潜在货币[167]。犯罪分子垂涎的重要资产分为两类：数据本身和与数据集有关的个人。

人工智能：新的网络安全漏洞将不断浮现。其中一个促成因素是人类的能力在不断变强，能够愈发准确地预测人类行为，并相应地利用安全漏洞。尽管目前针对人工智能的争论还很抽象，但这项强大的预测能力将揭露新的安全漏洞并轻松打败现存的防御概念和控制实践[202]。

物联网：物联网预计会成为日常生活重要的一部分。但这也意味着黑客将有更多新机会来操纵、利用各种网络设备，攻击方式也会变得更加隐蔽和难以检测。毫不意外，目前人们已经耗费大量精力以加强物联网的网络安全[200]。

情感分析：智能手机和可穿戴设备可能会暴露用户间的亲密关系，从而导致恶意人员跟踪此类关系。这些数据在社会工程中极其珍贵。近期剑桥分析公司（Cambridge Analytica）非法获取 Facebook 用户隐私的事件已经成为情感分析中臭名昭著的案例。据称，该公司利用这些数据操纵了美国总统大选[138]。

在不久的将来，信息和网络安全将成为 IT 行业中将至关重要的环节，需要解决的问题将集中在以下三方面。第一个是保护用户数据的隐私。在传统的数据中心，系统管理员可以任意利用数据，从而导致 Facebook 隐私泄露事件。一种新兴解决方案是利用区块链，这种去中心化管理模式下的所有的数据传输都经过严格加密，使得用户隐私更加安全。第二个是区分合法网络节点和欺骗攻击者。系统的认证机制必须能识别进入网络的非法或恶意节点访问，这也是用各种信息安全技术抵御系统漏洞的关键之处[97]。第三个是在网络节点间建立安全的通信协议。网络用户或实体必须能确保包括数据安全性在内的实时安全传输。总之，只要数据与经济诱惑（这种诱惑在将来会变得更加具体化）相关联，企业和网络攻击间的战争将永无止境。

7.2　强化学习在网络安全中的应用

本节将展示几个运用强化学习（而非传统的反攻击技术）解决不断出现的网络安全威胁的示例，其中包括移动群智感知、认知无线电网络和边缘计算等在内的重大先进技术应用。下面的介绍旨在帮助读者了解与网络安全有关的强化学习研究方向，并非介绍整个研究工作。感兴趣的读者可以在参考文献中找到这些研究成果的详细信息。

7.2.1　移动群智感知中的虚假感知攻击

典型的移动群智感知（MCS）问题具体描述如下：由于越来越多的移动设备安装了加速度计或全球定位系统等传感器，移动设备提供基于位置的服务也越来越广泛。为利用这项资源，平台或服务器会招募移动用户去监测环境、反馈信息，并根据感知数据的重要性和准确度来奖励用户。在这种情况下，自私的用户可以选择通过提供伪造的感知结果来最大化其利润，以节省其感知成本并避免隐私泄露。这类行为被称作虚假感知攻击（faked sensing attack）。其中，支付和奖励方法已被广泛用于刺激移动感知、数据采集和分布式计算。文献 [34,39-40,177,86] 中有相关示例。

本质上讲，可以将这种情况建模为 Stackelberg 博弈（Stackelberg game），在该博弈中，领导者先移动先行，然后追随者再移动。领导者和追随者要在质量 / 利润上竞争。如图 7-1 所示，在移动群智感知中，MCS 服务器作为 Stackelberg 博弈的领导者，首先决定支付策略，再将其传播给所有用户。之后每个用户设计出自己的策略来决定他的感知任务（付出），如应该分配多少资源给感知任务。超额支付策略刺激更多移动用户为 MCS 服务器做贡献并且抑制虚假感知攻击。但是，这会导致网络拥塞并因此减少了 MCS 服务器的利用率。此外，较少的支付只能刺激更少的潜在用户去参与并做贡献。因此，为移动用户找到一个合适的支付策略十分重要。

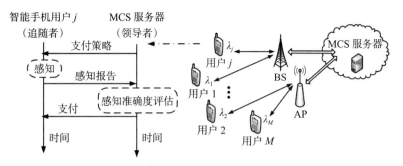

图 7-1 移动群智感知系统，其中 λ_j 表示用户 j 的感知数据的重要性，并根据感知位置和
反应时间的差异反映用户贡献的动态

根据文献 [190]，由于当前的奖励会刺激未来的感知行为，支付过程可以表述为一个有限 MDP 过程。该系统旨在找到最优支付策略，从而奖励那些报告有价值、质量高的感知数据的用户并惩罚进行虚假感知攻击的用户。现实应用中，人们无法获得智能手机的感知模型。因此，由于 Q-learning 的本质是不依赖模型的，因此将它用于寻找支付策略最合适不过。具体来说，支付策略的确立基于以下条件：先前感知报告质量和支付策略的观察状态，以及描述每一状态 – 行为对的长期折扣奖励的质量函数或 Q 函数。此外，为了解决在较大的状态空间中进行 Q-learning 学习速度慢的问题，应用了深度 Q 网络加速学习过程，并增强感知性能，抵御虚假感知攻击。文献 [190] 中大量的仿真结果表明，基于 DQN 的 MCS 系统的性能明显优于 Q-learning 策略和随机支付策略。

7.2.2 认知无线电网络中的安全强化

认知无线电网络（Cognitive Radio Network，CRN）[91] 使得未授权用户（或二级用户（Secondary User，SU））能够感知已授权用户（或主要用户（Primary User，PU））拥有的未充分利用的授权信道并在该信道中进行机会性操作。认知无线电网络被视为以人工智能为中心的下一代无线网络，为了增强网络性能，它可以帮助二级用户进行学习，同时动态地更新其操作参数，包括感知及传输信道。这促使人们使用人工智能技术来加强认知无线电网络的安全方案。由于现存的技术（如实体认证）需要提前注册，因此该技术在动态环境下并不可行，这使得在认知无线电网络中提供安全性也正在面临挑战。除此以外，这些技术无法阻止已经通过身份认证节点的恶意行为。下文是使用强化学习来增强认知无线电网络的安全性的一些优点：

1）强化学习能在不使用操作环境中的某个准确模型（甚至无须使用任何模型）的情况下让二级用户学习经验，使节点适应其动态和不确定的操作环境。由于其适应性特征，强化学习在识别二级用户的行为（如从合法的二级用户转为恶意的二

159

160

用户）方面很有用。

2）强化学习能基于一系列已选择行动让二级用户依照使长期奖励最大化这一目标做决定（而非遵循基站的决定）。

3）强化学习使二级用户能够探索新的操作环境并利用已经获得的知识。

因此，认知无线电网络中基于强化学习的安全强化方案能够学习新的安全攻击并检测先前习得的攻击。到目前为止，基于强化学习的安全强化方案已成功应用于如信道感知、信道接入、路由及数据感知/报告等很多不同的问题中。下文将展现文献 [174] 中一个有关抗干扰防御的研究案例，以展示将强化学习应用于认知无线电网络的指导原则，如图 7-2 所示。

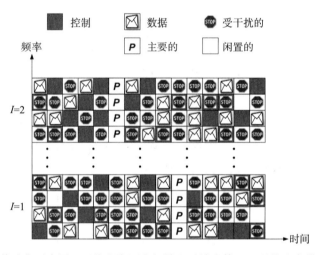

图 7-2 抗干扰防御示意图。无线电资源在频域和时域中体现。干扰攻击模式在时间指数
        $I=1$ 到 $I=2$ 期间不断变化

无线电干扰是一种拒绝服务攻击，旨在破坏无线物理层及链路层的通信。在其中一种干扰攻击中，干扰攻击者可以通过不断向该频谱中发送数据包来阻止合法用户访问该开放频段 [116]。另一种干扰攻击则是通过在受害者附近放置强干扰源，严重降低信噪比（SNR），使用户无法接收正确数据 [187,196]。在某些情况下，可以先假定攻击者仅干扰二级用户的传输，而不会干扰主要用户占用的频段。正如文献 [116]所述，其原因为："当攻击者身份被主要用户识别出来后，攻击者可能会遭受很严重的惩罚，或者攻击者无法接近主要用户。"由于固定的信道访问时间表可以轻易地被攻击者检测并干扰，因此二级用户需要执行动态信道访问以实现认知无线电网络中的信道利用率最大化。在文献 [174] 中，应用具有最小极大 Q-learning 的强化学习来寻找一个最佳信道访问策略。强化学习的状态被定义为一个多元组，包括频谱 j

中 PU 的存在、节点 i 的吞吐量、频谱 j 中被阻塞的控制信道的数量和频谱 j 中被阻塞的数据信道的数量。然后，行动空间被定义为用于传输的控制和数据信道的选择。奖励是智能体检测到一个无干扰信道时的频谱增益。主要目标是帮助合法二级用户从恶意二级用户中学习动态的攻击策略，而后者倾向于优化其攻击策略。这意味着二级用户必须学会在恶意二级用户进行最坏情况的攻击时采取最佳措施。因此，选择最小极大 Q-learning 算法。

7.2.3　移动边缘计算中的安全问题

　　移动边缘计算（Mobile Edge Computing，MEC）通过网络边缘的接入点（AP）、手提电脑、基站、交换机和 IP 摄像机等边缘设备提供数据储存、计算和应用服务。移动边缘计算比云计算更接近客户，它能为物联网、信息物理系统、车载网络、智能电网及嵌入式人工智能提供低延时、位置感知和移动支持。移动边缘缓存减少了重复的传输和回程流量，提高了通信效率，并为缓存用户提供高质量服务。但是，从安全性的角度看，由于计算、能量、通信和内存资源的限制，尽管边缘设备被各种形式的安全协议保护着，但总的来说不如云服务器和数据中心安全。此外，移动边缘缓存系统由分布式的边缘设备组成，它们被自私且自主的人们控制着。边缘设备的所有者可能会对存储器中存储的数据内容感兴趣，有时甚至会发起内部攻击来分析、出售客户的隐私信息。因此，移动边缘计算系统更容易受到诸如无线干扰、分布式拒绝服务攻击，以及欺骗攻击（包括异常边缘、异常移动设备、中间人攻击和智能攻击等）等安全威胁攻击。图 7-3 展示了移动卸载和兑现过程中的潜在攻击。

162

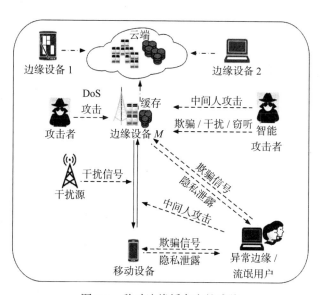

图 7-3　移动边缘缓存中的威胁

受移动边缘计算中上述安全威胁的驱使，强化学习技术已经被用于学习动态的安全博弈。事实证明，基于强化学习的安全方案，例如抗干扰信道访问方案、身份验证方案和恶意软件检测方案，已经超越了基准确定性方案[191,5,192,194]。下面简要介绍这些强化学习应用场景：

基于强化学习的抗干扰移动卸载：在移动边缘计算系统中，移动设备必须选择其卸载策略，比如要卸载的数据、发送功率、信道和时间，以及需连接的边缘节点。这些都来自给定的有限可用行动集。其目标是提高边缘节点的卸载性能，包括提高接收信号在干扰环境中的信干噪比（SINR）和误码率（BER），以及节省计算和通信的能耗。

基于强化学习的认证：由于内存、能量和计算资源的限制，移动设备通常难以对正在进行的欺骗模型进行评估，也更偏好用轻量级认证协议检测基于身份的攻击（如欺骗攻击、女巫攻击和异常边缘攻击）。每个边缘节点也需要快速检测大量欺骗信息和流氓用户。因此，重新使用对源节点或环境无线电信号的现有信道估计结果的物理层认证技术，可以提供轻量级保护，以防止基于身份的攻击，从而避免泄露用户隐私（例如位置信息）。

基于强化学习的友好干扰：移动边缘计算的安全协作型缓存要保护数据隐私并抵制窃听。举个例子，一个边缘节点能根据储存在缓存系统的数据发送友好的干扰信号，从而防止窃听者理解从移动节点或另一个边缘节点传来的信息。这样的话，每个边缘节点不得不根据网络拓扑、信道模型和攻击者存在与否决定是否执行友好干扰。一个边缘节点要决定是否要计算数据，或者将移动设备里的数据发送至云端，以及是否要将"流行"数据存储在边缘以防止隐私泄露和拒绝服务攻击。

文献[193]中有个很好的例子，它使用强化学习为边缘节点提供安全的访问以防止干扰。

7.2.4 网络安全分析师的动态调度

网络安全分析师的任务包括检查入侵检测系统（IDS）生成的警报（例如SNORT或安全信息和事件管理（SIEM）工具生成的警报），接着识别出重要警报。在该领域中，动态地调度和管理网络安全分析师以最大限度地降低风险是一个关键的基础设施问题，这在国家安全层面上带来了若干运营挑战并获得了重视[48]。可将网络安全分析师视为一种资源，必须以最优方式分配在检查警报的过程中，从而在满足资源约束的同时减小风险。这样的资源约束包括分析师所能使用的传感器数量、网络安全防御组织渴望拥有的专业知识结构、分析师的预期利用率、分析师调查一次警报所用时间（即分析师的工作量），以及分析师的偏好（如一周内的轮班、调休等）。鉴于环境和条件的高度动态性，现存于制造业和服务业应用的静态或适应性调度措施均无法直接解决调度网络安全分析师的问题。然而，如果将问题建模为动态规划问题，并用强化学习解决，目标是最大限度地减少分析师的数量并优化传感器到分析师的分配，则可以证明风险将降至最小或低于一定阈值。

7.3 本章小结

网络安全的前景十分复杂：它的运转依赖于人类与机器的互动。机器可以执行如数据聚集、数据分类和模式识别等大型并繁重的任务，并帮助获得可行的见解、形成最优决策。毫无疑问，攻击者也会使用这些强大的工具，因此传统的网络安全策略即将过时。这表明一个事实：机器学习对于防止当前可能发生的智能攻击是必要的。

本章回顾了网络安全的传统策略，认识了一些利用先进技术的新兴网络威胁。各类文献已证明强化学习能有效地解决这些新兴威胁。本章也列举了一些强化学习案例，希望读者能够从中获得如何将强化学习应用于网络安全和应用的灵感。想开始该领域研究的读者可将这些例子作为起点。后续章节将深入讨论两个基于强化学习的网络安全案例。

165

7.4 练习

7.1 解释以下术语：

    a）入侵防御系统

    b）数据战

    c）Stackelberg 博弈

    d）认知无线电网络

    e）无线电干扰和友好干扰

7.2 为什么传统的网络安全策略在面对新出现的威胁时显得无能为力？

7.3 群智感知支付策略是如何影响企业和用户的？

7.4 强化学习在移动边缘计算的应用有哪些？

接下来的问题需要读者了解本书以外的相关知识。

7.5 本书中提到，调整支付策略能控制移动群智感知的质量。这种技术的前提是服务器确实知道提交数据的质量。这通常通过引入一项分类算法来实现，分类算法会生成质量评估。为了设计一个公平的奖励方案，需要明白评估的误差分布。请讨论 Q-learning 如何能自动适应一个未知的误差分布，这展示强化学习的根本优势之一，即可以不依赖于模型。提示：查看文献 [190]（"A Secure Mobile Crowdsensing Game with Deep Reinforcement Learning"，Liang Xiao 等著）可能有所帮助。

7.6 书中已讨论，在移动边缘计算系统中如何运用强化学习帮助移动设备选择边缘节点以卸载其数据。移动网络环境的典型特点之一即为不稳定的信道质量。实现一种基于误码率选择边缘节点的强化学习算法，然后增加一些边缘节点的惩罚，以模仿远离这些节点的用户。观察算法是如何渐渐移向其他节点的。这展示了强化学习算法是如何适应变化的环境的。提示：可以查看文献 [174]（"An Anti-jamming Stochastic Game for Cognitive Radio Networks"，B. Wang 等著）。

166
≀
167

案例研究：智能电网中的在线网络攻击检测

8.1 引言

由于下一代电网——智能电网的运营和管理依赖于先进的控制和通信技术，这种关键的网络基础设施使得智能电网容易受到恶意网络攻击[89, 178, 199]。攻击者的目标是破坏或误导智能电网中的状态估计机制，从而造成大面积停电或操纵电力市场的价格[195]。网络攻击的类型很多，其中虚假数据注入（False Data Injection，FDI）、干扰攻击、拒绝服务（Denial of Service，DoS）是几种常见的攻击类型。FDI 攻击将恶意的虚假数据添加到仪表测量值[93, 18, 88, 75]；干扰攻击通过附加噪声来破坏仪表测量值[74]；拒绝服务攻击则是阻止系统访问仪表测量值[8, 206, 75]。

智能电网是一个复杂的网络，该系统中任何一个部分的故障或异常都可能在短时间内对整个系统造成巨大的破坏。因此，及时有效应对网络攻击的关键是对其进行及时的检测。为解决这一问题，最快变化检测框架[130, 15, 169, 128]就是很好的选择。在最快变化检测问题中，变化发生在感知环境中的未知时间，旨在以最小的误报率以及最低的检测延迟检测出时间序列上的异常。在获得给定时间点的测量值之后，决策者既可以发出警告（即检测到了变化），也可以等待下一次进行进一步测量。一般来说，所需的检测精度越高，检测速度就会越慢。因此，应该选择能够平衡检测速度和检测精度的最优时间点来发出变化警告。

如果仪表测量值变化前（正常运行系统）和变化后（受攻击后系统／异常系统）状态的概率密度函数（Probability Density Function，PDF）建模得足够精确，那么基于 Lorden 准则[95]的在线检测器[112]——累积求和（CUmulative SUM，CUSUM）检验——就是最好的选择。此外，如果 PDF 可以用一些未知参数进行建模，那么基于未知参数估计的广义累积求和检验则具有渐近最优性[15]。但是基于累积求和的检测方案要求对变化前和变化后的情况都建立完整的模型。然而现实中，攻击者的能力以及相应的攻击类型和策略是完全未知的。例如，攻击者既可以任意组合攻击类型并同时发起多次攻击，也可以发起一次类型未知的全新攻击。因此，在大部分现实情况中不太可能提前知道攻击策略并准确地对变化后的状态建模。因此，在这种情况下通常需要不依赖于任何攻击模型的通用检测器。此外，广义累积求和算法在检测延迟方面表现出较好的性能，它能够在误报率的限制下最小化最坏情况检测延迟 [112, 15]。由于最坏情况检测延迟是对最坏情况的度量，因此所获得算法的性能通常会优于广义累积求和算法。

由于变化点位置未知，我们将变化前和变化后的状态视为隐藏状态。最快变化检测问题可转换为部分可观察马尔可夫决策过程（Partially Observable Markov Decision Process，POMDP）问题。在智能电网的在线攻击检测问题中，变化前的系统能够按照正常状态运行，因此变化前测量值的 PDF 分布完全符合系统模型。但是，变化后的测量值 PDF 分布会存在很多未知因素，这些未知因素取决于攻击者的策略。此外，隐藏状态之间的转移概率通常是未知的。因此，部分可观察马尔可夫决策模型无法准确建立。

强化学习算法能够从不确定环境中接受反馈，更新模型参数，所以强化学习算法可以有效地解决上述部分可观察马尔可夫决策过程问题。因此，上述问题可以通过两种方法解决：（1）学习基础的部分可观察马尔可夫决策模型，然后针对其相关问题，使用基于模型的强化学习算法进行检测 [139, 38]；（2）直接使用不需要学习的无模型强化学习算法 [66, 126, 94, 79, 127]。由于基于模型的方法需要两步解决方案，因此对计算的要求更高，并且通常只能学习近似模型，所以无模型强化学习方法更受欢迎。

由于欧式检测器 [98] 和基于余弦相似度度量的检测器 [134] 等离群值检测方案不需要任何攻击模型参数，因此它们是通用的。它们主要通过卡尔曼滤波器计算实际仪表测量值与预测测量值之间的差异度量，如果相似度低于设定阈值，就会报告检测到攻击 / 异常。然而，这种检测器不考虑攻击 / 异常测量值之间的时间关系，而是针对逐个样本进行决策。因此，它们无法区分瞬时高阶随机噪声的实际观测值和恶意干扰引起的长期或持续性系统异常。所以，与离群值检测方案相比，需要更可靠的通用攻击检测方案。

本章从防御者的角度考虑智能电网安全问题，并利用强化学习技术寻求一种有效的检测方案。请注意，如果从攻击者的角度考虑问题，其目的则变为确定导致系统最大可能损害的攻击策略。这一角度在脆弱性分析方面特别有用：确定攻击者可能对系统造成的最严重损害，并采取必要的预防措施。在相关文献中，一些研究使用强化学习进行脆弱性分析，例如文献 [30] 和文献 [198] 分别针对 FDI 攻击和顺序网络拓扑攻击进行研究。对应博弈论的相关理论背景，这个问题其实可以同时从防御者和攻击者的角度来考虑。

本章中提出了一种基于无模型强化学习框架的在线网络攻击检测算法⊖。该算法

⊖ 有关该案例研究的详细资料，请查阅文献 [73]。

具有普适性，换句话说，就是不需要攻击模型相关数据作为计算前提，这使得所提出的方案具有广泛的适用性和主动性，可以检测到全新的未知攻击类型。由于采用的是基于无模型强化学习的检测方法，因此防御者可以通过试错法来学习从观察到行动（包括停止操作或继续操作）的直接映射。在训练阶段，尽管可以在正常操作条件下使用系统模型获取／生成变化前案例的观察数据，但真实的攻击数据通常很难获得。因此，我们参考鲁棒检测方法，使用对防御者而言最坏情况下的轻度攻击来训练防御者，这一类攻击通常较难被检测到。然后，经过训练后的防御者会变得更加灵敏，可以检测到仪表测量值与正常系统操作之间的微小偏差。鲁棒检测方法也极大地限制了攻击者的操作空间。也就是说，为了阻止检测，攻击者只能进行强度极低的攻击，但是由于这些攻击对系统的损害很小，因此实际上这种攻击没有多大意义。

8.2　系统模型和状态估计

8.2.1　系统模型

假设由 $N+1$ 条总线组成的电网中有 K 个测量仪表（为了能够应对潜在噪声，即保证必要的测量抗扰度，通常 $K > N$[1]），将其中一条总线作为参考总线，系统在 t 时刻的状态向量为 $\boldsymbol{x}_t = [x_{1,t}, \cdots, x_{N,t}]^{\mathrm{T}}$。其中，$x_{n,t}$ 表示总线 n 在 t 时刻的相位角。设仪表 k 在 t 时刻的测量值记为 $y_{k,t}$，测量向量记为 $\boldsymbol{y}_t = [y_{1,t} \cdots y_{K,t}]^{\mathrm{T}}$。基于广泛使用的线性直流模型[1]，借助状态空间方程式（8.1）和式（8.2），对智能电网建模：

$$\boldsymbol{x}_t = \boldsymbol{A}\boldsymbol{x}_{t-1} + \boldsymbol{v}_t \tag{8.1}$$

$$\boldsymbol{y}_t = \boldsymbol{H}\boldsymbol{x}_t + \boldsymbol{w}_t \tag{8.2}$$

其中，$\boldsymbol{A} \in \mathbb{R}^{N \times N}$ 是系统（状态转移）矩阵，$\boldsymbol{H} \in \mathbb{R}^{K \times N}$ 为基于网络拓扑确定的测量矩阵，$\boldsymbol{v}_t = [v_{1,t}, \cdots, v_{N,t}]^{\mathrm{T}}$ 是过程噪声向量，$\boldsymbol{w}_t = [w_{1,t}, \cdots, w_{K,t}]^{\mathrm{T}}$ 是测量噪声向量。假设 $\boldsymbol{v}_t$ 和 $\boldsymbol{w}_t$ 是两个独立的加性高斯白噪声，其中 $\boldsymbol{v}_t \sim \mathcal{N}(\boldsymbol{0}, \sigma_v^2 \boldsymbol{I}_N)$，$\boldsymbol{w}_t \sim \mathcal{N}(\boldsymbol{0}, \sigma_w^2 \boldsymbol{I}_K)$，$\boldsymbol{I}_K \in \mathbb{R}^{K \times K}$ 是单位矩阵。此外，假设系统可观测，即可观测性矩阵

$$\boldsymbol{O} \triangleq \begin{bmatrix} \boldsymbol{H} \\ \boldsymbol{H}\boldsymbol{A} \\ \vdots \\ \boldsymbol{H}\boldsymbol{A}^{N-1} \end{bmatrix}$$

的秩为 N。

式（8.1）和式（8.2）表示系统运行正常时的模型。然而，系统遭受网络攻击时，式（8.2）中的测量模型将不再成立。例如：

1）如果在 τ 时刻发起 FDI 攻击，测量模型可以写为

$$\boldsymbol{y}_t = \boldsymbol{H}\boldsymbol{x}_t + \boldsymbol{w}_t + \boldsymbol{b}_t \mathbb{1}\{t \geqslant \tau\}$$

其中，$\mathbb{1}$ 是指示函数，$\boldsymbol{b}_t \neq \boldsymbol{0}$ 表示在 $t \geqslant \tau$ 时刻注入的恶意数据。

2）在加性噪声干扰攻击下，测量模型可表示为

$$\boldsymbol{y}_t = \boldsymbol{H}\boldsymbol{x}_t + \boldsymbol{w}_t + \boldsymbol{u}_t \mathbb{1}\{t \geqslant \tau\}$$

其中，$\boldsymbol{u}_t$ 表示 $t \geqslant \tau$ 时刻的实测随机噪声。

3）如果发生拒绝服务攻击，系统控制器可能无法控制部分仪表测量值。此时的测量模型可以表示为

$$\boldsymbol{y}_t = \boldsymbol{D}_t(\boldsymbol{H}\boldsymbol{x}_t + \boldsymbol{w}_t)$$

其中，$\boldsymbol{D}_t = \mathrm{diag}(d_{1,t}, \cdots, d_{K,t})$ 是由 0 和 1 组成的对角矩阵，若 $y_{k,t}$ 可用，则 $d_{k,t} = 1$，否则 $d_{k,t} = 0$。需要注意，当 $t < \tau$ 时，$\boldsymbol{D}_t = \boldsymbol{I}_K$。 |173|

8.2.2　状态估计

由于智能电网需要基于估计的系统状态进行调节，所以状态估计是智能电网运行的一项基本任务，通常使用静态最小二乘法（Least Square，LS）估计器[93, 18, 41]。但是，在实际情况中，由于电网负荷的动态性和发电过程，智能电网是一个高度动态的系统[162]。此外，攻击者可以不停变化网络攻击策略。所以，式（8.1）和式（8.2）中的动态系统建模，以及相应的动态状态估计器，对于智能电网的实时运行和安全非常有用。

对于噪声项符合高斯分布的离散时间线性动态系统，在将均方状态估计误差最小化的过程中，卡尔曼滤波器是最优线性估计器[68]。需要注意的是，系统的可观测性是卡尔曼滤波器正确工作的先决条件。卡尔曼滤波器是一种在线估计器，每个迭代由预测步骤和测量值更新步骤组成。用 $\hat{\boldsymbol{x}}_{t|t'}$ 表示 t 时刻的状态估计，其中 $t' = t-1$ 和 $t' = t$ 分别用于预测步骤和测量值更新步骤，t 时刻的卡尔曼滤波方程可以写作：

预测步骤：

$$\begin{aligned} \hat{\boldsymbol{x}}_{t|t-1} &= \boldsymbol{A}\hat{\boldsymbol{x}}_{t-1|t-1} \\ \boldsymbol{F}_{t|t-1} &= \boldsymbol{A}\boldsymbol{F}_{t-1|t-1}\boldsymbol{A}^T + \sigma_v^2 \boldsymbol{I}_N \end{aligned} \tag{8.3}$$

测量值更新步骤：

$$\boldsymbol{G}_t = \boldsymbol{F}_{t|t-1}\boldsymbol{H}^T(\boldsymbol{H}\boldsymbol{F}_{t|t-1}\boldsymbol{H}^T + \sigma_w^2 \boldsymbol{I}_K)^{-1} \tag{8.4}$$

$$\hat{x}_{t|t} = \hat{x}_{t|t-1} + G_t(y_t - H\hat{x}_{t|t-1})$$
$$F_{t|t} = F_{t|t-1} - G_t H F_{t|t-1}$$

其中，$F_{t|t-1}$ 和 $F_{t|t}$ 分别表示基于 $t-1$ 时刻和 t 时刻测量值的状态协方差矩阵估计。此外，G_t 是 t 时刻的卡尔曼增益矩阵。

8.3 问题描述

在引出问题描述之前，需要了解一下部分可观察马尔可夫决策过程的设置。针对给定的智能体和环境，一个时间离散的部分可观察马尔可夫决策过程由一个七元组组成，表示为 $(\mathcal{S}, \mathcal{A}, \mathcal{T}, \mathcal{R}, \mathcal{O}, \mathcal{G}, \gamma)$，其中 $\mathcal{S}$ 为环境（隐藏）状态集合，$\mathcal{A}$ 为智能体的行动集合，$\mathcal{T}$ 为状态之间的条件转移概率集合，$\mathcal{R}: \mathcal{S}\mathcal{A} \to \mathbb{R}$ 为将状态 – 行动对映射到奖励的奖励函数，$\mathcal{O}$ 为智能体的观测值集合，$\mathcal{G}$ 为条件观测概率的集合。折扣因子记作 $\gamma \in [0,1]$，表示当前的奖励比未来的奖励要高多少。

在 t 时刻，环境处于特定隐藏状态 $s_t \in \mathcal{S}$。根据环境的当前状态以概率 $\mathcal{G}(o_t|s_t)$ 获得观测值 $o_t \in \mathcal{O}$，智能体执行行动 $a_t \in \mathcal{A}$，根据环境的当前状态和采取的行动，收到奖励 $r_t = \mathcal{R}(s_t, a_t)$。同时，环境将以概率 $\mathcal{T}(s_{t+1}|s_t, a_t)$ 转移到下一状态 s_{t+1}。在达到最终状态前，这个过程会重复进行。这个过程中，智能体的目标是确定最佳映射策略 $\pi: \mathcal{O} \to \mathcal{A}$，将观察结果映射到行动，并实现智能体的总期望折扣奖励最大化，即 $E\left[\sum_{t=0}^{\infty} \gamma^t r_t\right]$。同样，如果智能体从环境中获得的是开销而不是奖励，那么目标就会转换为最小化总期望折扣开销。基于上述情况，部分可观察马尔可夫决策过程问题可以表示为：

$$\min_{\pi:\mathcal{O}\to\mathcal{A}} E\left[\sum_{t=0}^{\infty} \gamma^t r_t\right] \tag{8.5}$$

现在就可以解释部分可观察马尔可夫决策过程设置中的在线网络攻击检测问题了。假设针对系统的网络攻击会在未知时刻 τ 发起，现在的目标是在攻击发生后尽快检测到攻击（攻击者的能力/策略完全未知）。这涉及最快变化检测问题，其目的是最小化平均检测延迟以及误报率。实际上，该问题可以转换为如图 8-1 所示的部分可观察马尔可夫决策过程问题。由于攻击发起时刻 τ 是未知的，因此存在两种隐藏状态：攻击前状态和攻击后状态。在 t 时刻获得测量向量 y_t 后，智能体（防御者）可以采取两种行动：停止并且发出通知表示受到攻击；继续，等待进一步测量结果。我们假设无论何时选择了停止行动，系统都会进入最终状态，并且在这之后始终保持该状态。

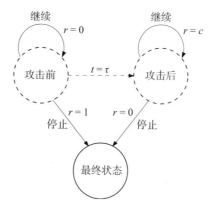

图 8-1 部分可观察马尔可夫决策过程设置下的状态机模型。在 $t=\tau$ 时刻发生的隐藏状态
　　　　和它们之间的（隐藏）转移分别用虚线圆和虚线表示。防御者收到的开销（r）取
　　　　决于其行动以及环境的基本状态。当防御者决定选择停止行动时，系统进入最终
　　　　状态，防御者不再产生额外开销

　　此外，虽然攻击前状态的条件观测概率可以根据系统模型正常运行情况推断，|175|
但是由于攻击策略未知，所以我们假设攻击后状态的条件观测概率完全未知。而且，
因为攻击的发起时刻 τ 未知，所以攻击前状态和攻击后状态之间的状态转移概率也
是未知的。

　　我们的目标是尽量减少检测延迟和误报率，所以无论是误报事件还是检测延迟
事件都会产生一定的开销。假设检测延迟事件与误报事件相比的相对开销为 $c > 0$。
如果防御者在真实状态为攻击前的情况下选择停止行动，就会发出误报，防御者就
会收到值为 1 的开销。同样，如果在真实状态为攻击后的情况下选择继续行动，则
防御者由于检测延迟，会收到值为 c 的开销。将所有其他（隐藏的）状态 – 行动对
的开销设定为 0。此外，一旦选择了停止行动，防御者将停留在最终状态且不会再
产生任何额外的开销。防御者的目标是通过正确选择行动将总的开销期望降到最低。|176|
需要注意的是，防御者需要根据其观测结果来确定停止运行的时间并发布受到攻击
的通知。

　　设 Γ 表示防御者选择的停止时间。同时，P_k 表示 k 时刻发动攻击（$\tau = k$）的概
率，E_k 表示相应的期望值。由于攻击策略未知，设 P_k 为未知数。对于所考虑的在线
攻击检测问题，可以得出总折扣开销的期望如下：

$$\mathrm{E}\left[\sum_{t=0}^{\infty}\gamma^t r_t\right] = \mathrm{E}_\tau\left[\mathbb{1}\{\Gamma < \tau\} + \sum_{t=\tau}^{\Gamma} c\right]$$

$$= \mathrm{E}_\tau[\mathbb{1}\{\Gamma < \tau\} + c(\Gamma - \tau)^+] \qquad (8.6)$$

$$= \mathrm{P}_\tau(\{\Gamma < \tau\}) + c\mathrm{E}_\tau[(\Gamma - \tau)^+]$$

其中，我们设置折扣因子 $\gamma=1$，因为当前和未来的开销在此问题中的权重相等，$\{\Gamma < \tau\}$ 是误报事件，将得到开销值为 1 的惩罚。$E_\tau[(\Gamma-\tau)^+]$ 是检测延迟平均值，其中每个检测延迟事件要得到开销值为 c 的惩罚，在这里，$(\cdot)^+=\max(\cdot,0)$。

基于式（8.5）和式（8.6），在线攻击检测问题可以表示为：

$$\min_\Gamma P_\tau(\{\Gamma < \tau\})+cE_\tau[(\Gamma-\tau)^+] \qquad (8.7)$$

由于 c 对应的是误报事件与检测延迟事件之间的相对开销，通过改变 c 并解决式（8.7）中对应的问题，可以得到检测延迟平均值与误报率之间的权衡曲线。同时，可以设定 $c < 1$ 来避免频繁的误报。

由于不知道确切的攻击发起时刻 τ 和攻击策略，准确的部分可观察马尔可夫决策模型也是未知的，而强化学习算法在不确定的环境中是有效的，因此可以采用无模型强化学习方法来获得式（8.7）的解。然后，需要学习从观测值到行动的直接映射（即需要对停止时间 Γ 进行学习）。注意，如果真实状态是攻击前，则最优行动是继续；如果真实状态是攻击后，则最优行动是停止。为了确定最优行动，需要使用观测值来推断潜在状态，且观测信号对于降低潜在状态的不确定性也是非常有用的。如 8.2 节所述，防御者想要观察 t 时刻的测量向量 y_t，最简单的方法是直接用测量向量 y_t 来形成观测空间，但本节希望首先对测量值进行预处理，用与系统正常运行之间偏差相关的信号来生成观测空间。

此外，一般情况下，攻击前和攻击后这两种状态有可能获得相同的观测值。这被称为感知混淆，这使得观测者无法通过一次观测就对潜在状态做出良好的推断。其实，仅根据单个观测值来检测攻击的过程对应了一种离群值检测方案，这种方案不需要学习阶段就可以获得性能较好、实用性较高的检测器[98, 134]。然而，本章主要关注的是检测由恶意干扰导致的系统突发性或持续性攻击 / 异常，而不是由高阶噪声产生的随机干扰。

不同状态的最佳行动当然是不同的，因此在检测中应该利用观测历史中的额外信息，进一步降低潜在状态的歧义性。实际上，在某些情况下，甚至需要借助整个观测历史来确定部分可观察马尔可夫决策过程问题中的最佳解决方案[101]。但是，算力的限制导致现实中可使用的内存十分有限，所以只能得到近似最优解。一种简单的方法是使用有限大小的滑动观测窗口作为存储器，并将最近的历史窗口内的观测结果映射到行动，如文献 [94] 中所述。由于本章案例假设持续性攻击 / 异常会发生在某个未知的时间点并且将持续影响系统，因此这种方法特别适合解决本章提出的问题。也就是说，从攻击检测的角度来看，只有在攻击后获得的观测结果才有意义。

假设 $f(\cdot)$ 为处理有限测量历史并产生观测信号的函数，t 时刻的观测信号表示

为 $o_t = f(\{\boldsymbol{y}_t\})$。然后，如图 8-2 所示，防御者可以通过观察 $f(\{\boldsymbol{y}_t\})$ 来决定停止时间 Γ。在此问题中，防御者的目的是通过使用强化学习算法获得式（8.7）的解，接下来的内容将会对其中细节进行详述。

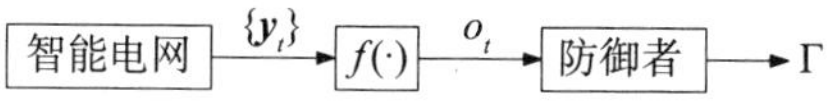

图 8.2　智能电网中在线攻击检测问题的图形描述。通过智能检测仪表收集测量值 $\{\boldsymbol{y}_t\}$ 并通过处理得到 $o_t = f(\{\boldsymbol{y}_t\})$。防御者在每个 t 时刻观测 $f(\{\boldsymbol{y}_t\})$ 并确定宣告被攻击的时间 Γ。

8.4　解决方案

首先需要解释获得观测信号 $o_t = f(\{\boldsymbol{y}_t\})$ 的方法。请注意，在攻击前状态下，测量值的概率分布函数可以通过式（8.2）中的基础测量模型以及由卡尔曼滤波器获得的状态估计结果得到。具体而言，在未被攻击状态下的测量值的概率分布函数可以估算如下：

$$\boldsymbol{y}_t \sim \mathcal{N}(\boldsymbol{H}\hat{\boldsymbol{x}}_{t|t}, \sigma_w^2 \boldsymbol{I}_K)$$

根据基线密度估计获得的测量值的似然 $L(\boldsymbol{y}_t)$ 可计算如下：

$$
\begin{aligned}
L(\mathbf{y}_t) &= (2\pi\sigma_w^2)^{-\frac{K}{2}} \exp\left(\frac{-1}{2\sigma_w^2} (\boldsymbol{y}_t - \boldsymbol{H}\hat{\boldsymbol{x}}_{t|t})^{\mathrm{T}} (\boldsymbol{y}_t - \boldsymbol{H}\hat{\boldsymbol{x}}_{t|t}) \right) \\
&= (2\pi\sigma_w^2)^{-\frac{K}{2}} \exp\left(\frac{-1}{2\sigma_w^2} \eta_t \right)
\end{aligned}
$$

其中

$$\eta_t \triangleq (\boldsymbol{y}_t - \boldsymbol{H}\hat{\boldsymbol{x}}_{t|t})^{\mathrm{T}} (\boldsymbol{y}_t - \boldsymbol{H}\hat{\boldsymbol{x}}_{t|t}) \tag{8.8}$$

是负对数似然估计结果。

如果系统的运行状态正常（即未被攻击），似然 $L(\boldsymbol{y}_t)$ 的值会很大。同样，过低的（接近于零）η_t 值也表明系统运作正常的可能性较大。然而，在发生攻击 / 异常的情况下，系统会偏离正常的运行状态，因此，在这种情况下，似然 $L(\boldsymbol{y}_t)$ 的值会降低。同时，η_t 在一段时间内的持续高值也意味着可能发生了攻击 / 异常。因此，η_t 可以在一定程度上帮助减少潜在状态的不确定性。

然而，因为 η_t 可以取任何非负值，并且观测值空间是连续的，因此学习每个可能的观测值到相应行动的映射在计算上是不可行的。为了降低这种连续空间的计算复杂度，我们可以对观测值进行量化。使用量化阈值 $\beta_0 = 0 < \beta_1 < \cdots < \beta_{I-1} < \beta_I = \infty$ 将

观测空间划分为 I 个互斥且不相交的区间，如果 $\beta_{i-1} \leqslant \eta_t < \beta_i$，$i \in 1,\cdots,I$，那么 t 时刻的观测值即表示为 θ_i。那么，在任意给定时间的潜在观察值表示为 $\theta_1,\cdots,\theta_I$。因为 θ_i 是量化层级的表征，所以要求每一个 θ_i 都有不同的值。

此外，如前所述，尽管 η_t 可能有助于推断 t 时刻的潜在状态，但也有可能在攻击前和攻击后状态中获得相同的观测值。因此，还需要借助于有限的观测历史。假设滑动观测窗口的大小为 M，则有 I^M 种可能的观测结果，在 t 时刻的滑动窗口可量化表示为 $\{\eta_j : t-M+1 \leqslant j \leqslant t\}$。一个观测窗口对应一个观测值 o，因此观测空间 $\mathcal{O}$ 可以由所有可能的观测窗口组成。例如，如果 $I = M = 2$，那么观测空间 $\mathcal{O} = \{[\theta_1,\theta_1],[\theta_1,\theta_2],[\theta_2,\theta_1],[\theta_2,\theta_2]\}$。

对于每个可能的观测行动对 (o,a)，都可以学习到一个 $Q(o,a)$ 值，即该观测行动对可能带来的开销。$Q(o,a)$ 可以通过强化学习算法获得，将所有 $Q(o,a)$ 值存储在一个大小为 $I^M \times 2$ 的 Q 值表中。在获得了 Q 值表后，防御者的策略将转化为：为每个观测值 o 选择具有最小 $Q(o,a)$ 的行动 a。一般来说，增加 I 和 M 的值可以提高学习性能，但是也会导致 Q 值表过于庞大，显著增加训练次数，进一步提升学习阶段的计算复杂度。因此，选择 I 和 M 需要考虑性能和计算复杂度之间的均衡。

这种基于强化学习的检测方案包括学习和在线检测阶段。现有研究数据表示，无模型强化学习控制算法 SARSA 在无模型部分可观察马尔可夫设置下表现良好[127]。因此，在学习阶段，防御者可以通过使用 SARSA 算法进行多次经验训练并且通过学习得到 Q 值表。该训练需要创建一个仿真环境，在训练过程中，防御者每次都会根据其观察结果采取行动，并从仿真环境得到行动所对应的开销，如图 8-3 所示。基于此经验，防御者可以更新并学习 Q 值表。之后，于在线检测阶段，根据每次观察结果，系统使用之前学习的 Q 值表选择未来开销期望（Q 值）最低的行动。直至防御者选择停止行动的那一刻，在线检测阶段都会持续进行。无论何时选择停止行动，都会发出通知表示受到攻击并终止过程。

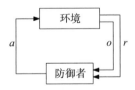

图 8-3   学习过程中防御者与仿真环境之间的交互过程。环境根据其内部状态 s 提供观测值 o，智能体根据其观测值选择一个行动 a，并从环境中计算成本 r 作为开销。基于此经验，防御者可以更新 $Q(o,a)$。在学习过程中，这一系列步骤重复了很多次

注意，在宣布受到攻击之后，只要系统恢复到正常运行状态，就可以重新启动

在线检测过程。即，训练完毕的防御者不需要再进行训练。算法 22 和算法 23 总结了学习和在线检测阶段的设计步骤。在算法 22 中，T 表示训练的回合（episode）长度，α 是学习率，ε 是探索率。

Algorithm 22　Learning Phase { SARSA Algorithm

1: Initialize $Q(o,a)$ arbitrarily, $\forall o \in \mathcal{O}$ and $\forall a \in \mathcal{A}$.
2: **for all** training episodes **do**
3:    $t \leftarrow 0$
4:    $s \leftarrow pre\text{-}attack$
5:    Choose an initial o based on the *pre-attack* state and choose the initial $a = continue$.
6:    **while** $s \neq terminal$ and $t < T$ **do**
7:      $t \leftarrow t+1$
8:      **if** $a = stop$ **then**
9:        $s \leftarrow terminal$
10:       $r \leftarrow \mathbb{1}\{t < \tau\}$
11:       $Q(o,a) \leftarrow Q(o,a) + \alpha\,(r - Q(o,a))$
12:      **else if** $a = continue$ **then**
13:       **if** $t \geq \tau$ **then**
14:         $r \leftarrow c$
15:         $s \leftarrow post\text{-}attack$
16:       **else**
17:         $r \leftarrow 0$
18:       **end if**
19:       Collect the measurements $\mathbf{y}_t$.
20:       Employ the Kalman filter using (8.5) and (8.6).
21:       Compute η_t using (8.5) and quantize it to obtain θ_i if $\beta_{i-1} \leqslant \eta_t < \beta_i, i \in 1,\ldots,I$.
22:       Update the sliding observation window o with the most recent entry θ_i and obtain o'.
23:       Choose action a' from o' using the ϵ-greedy policy based on the Q-table (that is being learned).
24:       $Q(o,a) \leftarrow Q(o,a) + \alpha\,(r + Q(o',a') - Q(o,a))$
25:       $o \leftarrow o', a \leftarrow a'$
26:      **end if**
27:    **end while**
28: **end for**
29: Output: Q-table, i.e., $Q(o,a)$, $\forall o \in \mathcal{O}$ and $\forall a \in \mathcal{A}$.

Algorithm 23　Online Attack Detection

1: Input: Q-table learned in Algorithm 22.
2: Choose an initial o based on the *pre-attack* state and choose the initial $a = continue$.
3: $t \leftarrow 0$
4: **while** $a \neq stop$ **do**
5:    $t \leftarrow t+1$
6:    Collect the measurements $\mathbf{y}_t$.
7:    Determine the new o as in the lines 20–22 of Algorithm 1.
8:    Choose the action $a = \arg\min_a Q(o,a)$.
9: **end while**
10: Declare an attack and terminate the procedure.

8.5 仿真结果

8.5.1 仿真设计与参数设置

我们在 IEEE-14 总线电力系统上进行仿真，该系统由 $N+1=14$ 条总线和 $K=23$ 个智能检测仪表组成。初始状态变量（相位角）由 MATPOWER 中案例 -14 的直流最优算法计算得到 [209]。将系统矩阵 A 设置为单位矩阵，并且根据 IEEE-14 电力系统确定测量矩阵 H。在系统正常运行的情况下，噪声方差设定为 $\sigma_v^2 = 10^{-4}$ 以及 $\sigma_w^2 = 2 \times 10^{-4}$。

对于所提出的基于强化学习的在线攻击检测系统，其量化级别数设定为 $I=4$，量化阈值设为 $\beta_1 = 0.95 \times 10^{-2}$，$\beta_2 = 1.05 \times 10^{-2}$，$\beta_3 = 1.15 \times 10^{-2}$。这些参数是通过离线仿真方法，在系统正常运行的情况下对 $\{\eta_t\}$ 进行测量所获得的。另外，设置 $M=4$，即滑动观测窗口的尺寸为 4。将学习参数和探索率分别设置为 $\alpha = 0.1$ 及 $\varepsilon = 0.1$，回合长度设置为 $T = 200$。在学习阶段，首先对防御者进行超过 4×10^5 回合的训练，其中发起攻击的时间为 $\tau = 100$，然后再进行 4×10^5 回合的训练，并设置 $\tau = 1$，以确保防御者在系统正常运行以及受到攻击的情况下都能够充分探索观测空间。更具体说，只要选择了停止行动，学习便会终止，而防御者也只能在 $t \geq \tau$ 时获得被攻击情况下的观测结果。所以，为了确保防御者能在攻击后状态下获得足够的训练，我们在半数学习回合中，设定 $\tau = 1$。

为了展示系统对平均检测延迟与误报率的权衡，本章算法针对 $c = 0.02$ 和 $c = 0.2$ 的情况都进行了训练。此外，为了获得一种鲁棒且有效的探测器以应对弱攻击导致的微小的测量偏差，防御者还需要经过极低强度攻击训练。为此，训练过程使用了一些低强度的已知攻击类型。具体而言，在一半的学习回合中使用攻击强度服从均匀随机分布 $\pm \mathcal{U}[0.02, 0.06]$ 的 FDI 攻击，即可以用 $b_{k,t} \sim \mathcal{U}[0.02, 0.06]$ 表示测量仪表 k 在 $t \geq \tau$ 时被注入的虚假数据，其中 $\boldsymbol{b}_t \triangleq [b_{1,t}, \cdots, b_{K,t}]$。而在另一半学习回合中，同时使用 FDI 攻击和干扰攻击。这里，设定 FDI 攻击强度服从均匀分布 $\pm \mathcal{U}[0.02, 0.06]$，干扰攻击设置为零均值加性高斯白噪声（AWGN），其方差为 $\mathcal{U}[2 \times 10^{-4}, 4 \times 10^{-4}]$，即 $\boldsymbol{u}_t = [u_{1,t}, \cdots, u_{K,t}]$，$u_{k,t} \sim \mathcal{N}(0, \sigma_{k,t})$，$\sigma_{k,t} \sim \mathcal{U}[2 \times 10^{-4}, 4 \times 10^{-4}]$，$\forall k \in \{1, \cdots, K\}$ 且 $\forall k \geq \tau$。

8.5.2 性能评估

本节对所提出的基于强化学习算法的攻击检测方案的性能进行评价，并将其与一些现有的检测方法进行比较。基于式（8.7）中的优化问题，这里设定的性能指标是误报率 $P_r(\{\Gamma < \tau\})$，和平均检测延迟 $E_\tau[(\Gamma - \tau)^+]$。请注意，这两个性能指标均取决于未知的攻击发起时间 τ。因此，一般来说，我们需要计算每个可能的 τ 下的性能指标。为了表征性能，将 τ 设置为参数 ρ 的几何随机变量，使得

$P(\tau = k) = \rho(1 - \rho)^{k-1}, k = 1,2,3,\cdots$，其中 $\rho \sim \mathcal{U}[10^{-4},10^{-3}]$ 是均匀随机变量。

我们利用蒙特卡罗仿真方法进行了 10 000 次以上的试验，统计了本章提出的算法、欧几里得检测器 [98] 和基于余弦相似度度量的检测器 [134] 的误报率和平均检测延迟。我们通过改变基准测试的阈值以及所提出算法的 c 值获得了权衡曲线。为了评估提出的算法，本节使用了算法 23，该算法利用了算法 22 中学习到的 c=0.02 和 c=0.2 时的 Q 值表。

本节在几种不同的攻击情境下对比本章提出的检测器和基准检测器的性能：

1）首先评估了各个检测器在 FDI 攻击下的表现，FDI 攻击强度设置为 $\mathcal{U}[-0.07,0.07]$。相应的权衡曲线如图 8-4 所示。 184

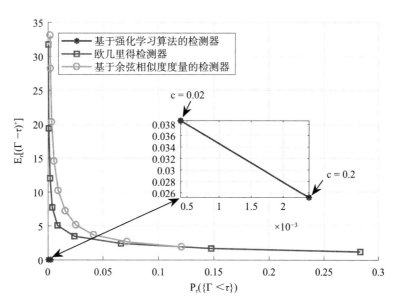

图 8-4　在 FDI 攻击下，基于强化学习算法的检测器、欧几里得检测器和基于余弦相似度度量的检测器的平均检测延迟与误报率关系曲线

2）然后，我们在零均值加性高斯白噪声干扰攻击下评估各个检测器的性能，其中干扰噪声方差设置为 $\mathcal{U}[10^{-3},2\times10^{-3}]$。相应的性能曲线如图 8-5 所示。

3）接下来，我们来评估在干扰噪声与仪表噪声相关的情况下各个检测器的性能，其中 $\boldsymbol{u}_t \sim \mathcal{N}(\boldsymbol{0},\boldsymbol{U}_t)$，$\boldsymbol{U}_t = \boldsymbol{\Sigma}_t \boldsymbol{\Sigma}_t^{\mathrm{T}}$，$\boldsymbol{\Sigma}_t$ 是第 i 行第 j 列数值为 $\boldsymbol{\Sigma}_{t,i,j} \sim \mathcal{N}(0,8\times10^{-5})$ 的随机高斯矩阵。相应的性能曲线如图 8-6 所示。

4）此外，我们还估计了 FDI/ 干扰混合攻击下各个检测器的性能。我们让两种攻击在同一时间对系统发起进攻，其中 FDI 攻击强度分布设定为 $\mathcal{U}[-0.05,0.05]$，零均值 AWGN 干扰噪声的方差设定为 $\mathcal{U}[5\times10^{-4},10^{-3}]$，相应的权衡曲线如图 8-7 所示。 185

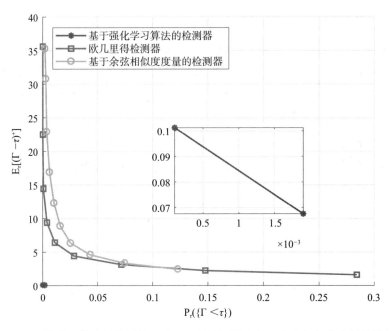

图 8-5   基于强化学习算法的检测器、欧几里得检测器和基于余弦相似度度量的检测器在
加性高斯白噪声干扰攻击下的性能曲线

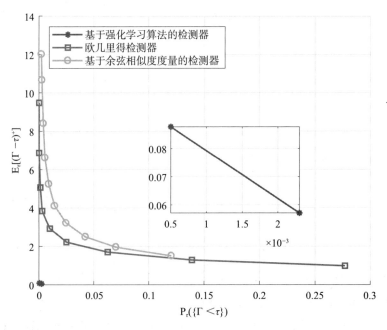

图 8-6   干扰噪声与空间相关的干扰攻击下，基于强化学习算法的检测器、欧几里得检测
器和基于余弦相似度度量的检测器的性能曲线

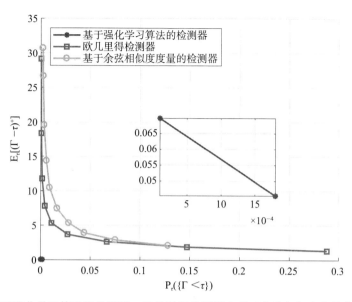

图 8-7　基于强化学习算法的检测器、欧几里得检测器和基于余弦相似度度量的检测器在
　　　　FDI/ 干扰混合攻击下的性能曲线

5）最后评估探测器在随机拒绝服务攻击下的性能，其中系统控制器无法获得智能检测仪表的测量值的概率为 0.2。也就是说，对每个仪表 k，在 t 时刻（ $t \geqslant \tau$ ）时 $d_{k,t}=0$ 的概率是 0.2，而 $d_{k,t}=1$ 的概率是 0.8。随机拒绝服务攻击下的性能曲线如图 8-8 所示。

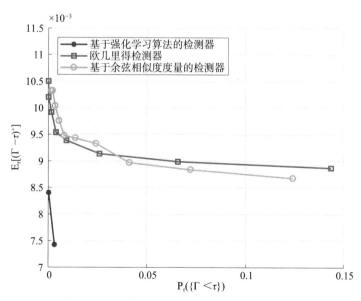

图 8-8　基于强化学习算法的检测器、欧几里得检测器和基于余弦相似度度量的检测器在
　　　　拒绝服务攻击下的性能曲线

几乎所有的情况都证实了，本章所提出的基于强化学习的检测算法的性能远高于基准方法。这是因为，防御者通过训练过程学会区分瞬时高阶噪声与针对系统的持续攻击，从而有效降低了防御者的误报率。此外，由于在训练防御者的过程中所使用的攻击强度很低，因此防御者能够及时感应系统的微小偏差。另一方面，基准测试本质上是针对逐个样本进行决策的离群值检测方法，因此它们无法区分高阶噪声和低强度攻击，从而导致较高的误报率。尽管具有较高的计算复杂度，但是通过增加 I 和 M 的值可以进一步提高所提出的基于强化学习的检测方案的性能和灵敏度。最后，在拒绝服务攻击下，由于测量仪表部分不可用，系统将大幅偏离其正常运行状态，因此所有检测器都能够在平均检测延迟几乎为零的情况下检测拒绝服务攻击，如图 8-8 所示。

8.6　本章小结

在本章中，我们将在线网络攻击检测问题转化为部分可观察马尔可夫问题，提出了一种基于无模型强化学习算法的网络攻击检测方法。研究数据表明，该方法能够快速、可靠地检测出针对智能电网的网络攻击。数据结果还证明了强化学习算法在解决复杂的网络安全问题方面的巨大潜力。实际上，本章中介绍的算法还可以得到进一步改进：与有限大小滑动窗口方法相比，可以研发更复杂先进的存储技术；与离散化连续观测空间并使用表格方法计算 Q 值相比，使用线性 / 非线性函数近似技术（例如神经网络）计算 Q 值，能够进一步提升检测性能。

最后，本章提出的在线检测方法可广泛应用于任何最快变化检测问题，在这些问题中，系统受攻击前的模型是可以较为准确地推导出的，但是受攻击后的模型是未知的。其实，该问题普遍存在于许多实际应用场景中，在大多数应用中，我们可以对正常运作时的系统进行准确建模，并对难以准确建模的攻击 / 异常进行在线检测。此外，根据具体应用情况，如果我们能够获得真实的变更后的数据（例如攻击类型数据或异常状态数据），则可以利用仿真数据进一步增强真实数据，再结合相应的训练，大大地提高检测性能。

案例研究：击败中间人攻击

9.1 引言

中间人攻击（Man-In-The-Middle，MITM）[23] 指的是在攻击中，敌方计算机秘密地介入，并可能改变了两台计算机之间的通信，而这两台计算机依然认为它们是通过私人连接直接与对方进行通信的。传统的击败中间人攻击的方法只能针对特定的黑客攻击技术，这使得整个系统更加复杂，而且在应对新型黑客策略方面很脆弱。然而，在攻击下生成的网络流总是遵循一些可检测的模式，例如非正常的网络延迟或路由。通常，这些异常特征可以被探测器用来同时检测各种攻击。例如，有一组探测器能够检测失真的网络流量，并定期将结果报告给分析程序/设备，这些设备可以提供安全的数据转发路径，并通知交换机通过新的安全路由传输数据包。通过这样做，我们可以理想地绕过入侵的网络节点，并击败中间人攻击。

该模型可以通过软件定义网络（SDN）实现，软件定义网络将网络控制与数据传输功能解耦，然后将其配置在中央控制器中，从而生成可编程的高效网络。控制器维护整个网络的全局视图，并基于运行中的软件来选择转发路径。交换机用一种特殊的语言（通常是 OpenFlow 协议）与控制器通信，以便根据控制器的命令转发、丢弃或处理数据包。

例如，分布在 OpenFlow 交换机上的探测器会周期性地告诉控制器其检测状态为 0 或 1，其中 1 表示被攻击者入侵的节点，0 表示安全节点。控制器将综合所有信息，并决定是继续保持当前路由还是切换到另一条路由，甚至在没有安全路由的情况下会丢弃数据包。因此，控制器将通知 OpenFlow 交换机相应地更改路由、丢弃数据包或不采取任何行动。图 9-1 展示了中间人攻击防御系统，本章末尾将对此进行详细讨论。

基于上述讨论，我们可以注意到探测器的准确性是整个系统的关键。根据文献 [20] 的建议，我们对比了一系列机器学习方法在入侵检测方面的性能，考虑到网络流量的在线处理要求和错误行为的在线检测要求，支持向量机（SVM）[113] 算法是一种较好的入侵检测方法。根据攻击技术的不同，支持向量机的检测准确率在 66.6% ~ 97.27% 之间。综合其他方法（贝叶斯网络 75%、异常情况下的人工神经网络 80%、聚类 70% ~ 80%、集成学习 87% ~ 93%）的检测准确率，在不失一般性的前提下，我们可以在此假定探测器的检测准确率为 75%，即每 4 次检测中有 1 次检测为假。当然，这种检测准确率并不尽如人意。下面提出了一个利用强化学习来处理这种检测不确定性的方案。此外，强化学习的基本理念（即智能体用试错法来学习）将指导系统中的客户端适当地丢弃数据包或通过另一条安全路由将其传送。

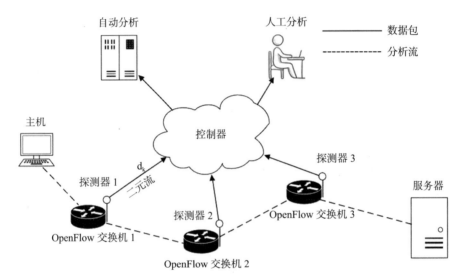

图 9-1　每个 OpenFlow 交换机都安装了一个探测器。这些交换机都连接到控制器，控制器通过运行软件来分析整个网络的状态，如发现网络安全问题，则通知 OpenFlow 交换机更改转发路径（如果需要）

通过一个例子来具体说明我们的强化学习理念。以图 9-2 为例，节点 2 和节点 9 分别连接到客户端和服务器。标记感叹号的节点表示由黑客控制的被入侵节点。安装在网络节点上的每一个探测器都周期性地生成二进制状态，以声明其对应的节点是否受到攻击。然后，随着时间的推移，所有节点的状态将以二进制序列的形式聚合到控制器上。根据该序列，控制器可以计算在下一个时间点中被监控节点的最大入侵似然，而掌握了所有节点的被入侵似然后，就可以生成一个状态空间，从而为网络中的客户端 – 服务器对提供一个安全的包转发路径。如果所有路径都被阻塞，控制器将通知交换机丢弃该数据包，并会收到相应的惩罚。否则，如果数据包成功到达目的地，控制器也将收到相应的奖励。然而，如果数据包在转发过程中遭受中间人攻击（即通过入侵节点进行攻击），则控制器将会收到较大的惩罚。

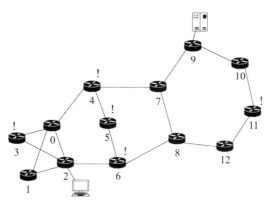

图 9-2　感叹号表示相应节点上的入侵

9.2　强化学习方法

下面使用 DQN 算法来处理中间人攻击的问题。首先，定义状态、行动和奖励。

9.2.1　状态空间

如上所述，可以在控制器处收集一个时间实例中所有探测器的检测状态，并形成二进制序列。为了做出正确的决定，控制器还可以使用探测器的历史检测状态。但是，如果使用所有历史数据，那么复杂度和计算延迟将会很大。因此，引入一个长度为 $t_0 > 0$ 的采样窗口，控制器使用该窗口内探测器的采样样本进行决策。此外，由于黑客的动态行为是未知的，因此可以假设采样窗口中的样本在时域中是独立的。

具体地说，在 t 时刻考虑历史采样窗口 $[t-t_0, t-t_0+1, \cdots, t]$。网络中任意节点 k 的采样已经被相应的探测器在这样的时间窗口中逐个检测到，并生成一系列检测结果：

$$d_k(t-t_0:t) = [d_k(t-t_0), d_k(t-t_0+1), \cdots, d_k(t)]$$

其中，$d_k(i) = 1$ 或 0。回想一下，1 表示检测到该节点被入侵，而 0 表示该节点是安全的。下面使用阳性预测值（Positive Predictive Value，PPV）来表示探测器的准确性，即当节点实际被入侵时，探测器报告 1 的概率。相应地，使用错误遗漏率（False Omission Rate，FOR）来表示当节点实际上没有被入侵时探测器返回 1 的概率[⊖]。若假设节点 k 被入侵，序列 $d_k(t-t_0:t)$ 的似然为：

$$Pr_k^{\text{PPV}}[t-t_0:t] = \prod_{i=t-t_0}^{t} Pr(d_k(i) \,|\, 被入侵) \tag{9.1}$$

191
∼
192

⊖　PPV 和 FOR 的概念在统计学和诊断测试中被广泛使用。利用贝叶斯定理可以直接导出 PPV 和 FOR 的定义。

其中

$$Pr(d_k(i) | 被入侵) = \begin{cases} \text{PVV}, & d_k(i) = 1 \\ 1 - \text{PVV}, & d_k(i) = 0 \end{cases} \tag{9.2}$$

类似地，假设节点 k 没有被入侵，序列 $d_k(t-t_0:t)$ 的似然为：

$$Pr_k^{\text{FOR}}[t-t_0, t] = \prod_{i=t-t_0}^{t} Pr(d_k(i) | 未入侵) \tag{9.3}$$

其中

$$Pr(d_k(i) | 未入侵) = \begin{cases} \text{FOR}, & d_k(i) = 1 \\ 1 - \text{FOR}, & d_k(i) = 0 \end{cases} \tag{9.4}$$

因此，对于一个节点，在时刻 t 上针对两个假设（是否受到攻击）的最大似然率检验统计量如下所示：

$$\begin{aligned} r_k(t) &= Pr_k^{\text{PPV}}[t-t_0:t] / Pr_k^{\text{FOR}}[t-t_0, t] \\ &= \prod_{i=t-t_0}^{t} \frac{Pr(d_k(i) | 被入侵)}{Pr(d_k(i) | 未入侵)} \end{aligned} \tag{9.5}$$

图 9-3 显示了测试期间似然率的波动。由于攻击模式的动态性，似然率（表示某个特定节点被入侵的可能性）不断发生变化。

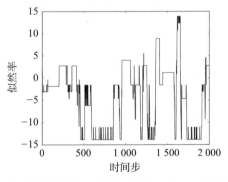

图 9-3   节点似然率随时间变化的情况：该节点被攻击多次。当节点是安全的时，全 0 的检测序列会导致低似然率值（约 −15），其中探测器检测错误会引起波动。发生入侵时，探测器会生成一个全 1 的检测序列，从而在几个时间步内达到很高的似然率

最后，假设对于一对给定的客户端和服务器，有 M 条可用的客户端 – 服务器路

由路径。控制器已知当前的路径，表示为 $\text{Path}(t) \in \{1, 2, \cdots, M\}$，可用于做出下一步决策。综上所述，对于一个给定网络，其具有 N 个节点（每个节点都有一个探测器）和一个客户端 – 服务器对，将时间 t 的强化学习状态模型表示如下：

$$s_t = [r_1(t), r_2(t), r_3(t), \cdots, r_N(t), \text{Path}(t)] \tag{9.6}$$

注意，如果当前流不通过节点 i，则将似然率 r_i 设置为 0。

9.2.2 行动空间

对于一个客户端 – 服务器对，假设有 M 条可能的转发路由。控制器可以决定在每条路径上发送还是丢弃数据包，由此会导致 $2M$ 种不同的行动。将行动空间定义为 $a = 1, 2, 3, \cdots, 2M$，其中 a 从 1 到 M 表示控制器决定在相应路径 a 上丢弃数据包，而 a 从 $M + 1$ 到 $2M$ 表示控制器决定在路由上传输数据包（$a{-}M$）。

9.2.3 奖励

作为强化学习框架的关键要素，需要准确定义"奖励"使得控制器能够更好地执行试错和学习。具体而言，奖励用 r 表示。丢弃数据包的行动将受到惩罚（$r<0$），即 $a=1\cdots M$。如果通过选定路径成功转发了数据包，则会向控制器提供正数奖励（$r> 0$）。但是，如果通过窃听路径转发数据包，将为此类操作带来较大的惩罚（$r \ll 0$）。

9.3 实验和结果

本节将介绍 6.3 节中所介绍的 DQN 算法的实现过程，并提供数值结果来验证该算法。在实验中，防御算法是在图 9-2 所示的包含 13 个节点的网络上实现的。这意味着 MDP 状态 s 具有 14 个元素，即 13 个似然率加一个路径索引。为了基于可用路径集为给定的客户端 – 服务器对设计路由协议，我们应考虑以下内容：

1）如果网络很大，则可用路径集的大小将会随着节点数量的增加而呈指数增长。因此，会存在可扩展性问题。

2）如果仅使用最短路径，则集合可能很小。但是，避免攻击的能力可能会大大降低，因为在受到攻击时很可能找不到安全的数据包转发路径。

受以上两种极端情况的启发，我们将采取折中的方案来构造可用路径集。具体而言，对于给定的客户端 – 服务器对，首先列出所有可用路径。对于其中的每段路径，如果可以通过直接链接路径上的两个节点来缩短路径，则从集合中删除这段可被缩短的路径。以图 9-4 和图 9-5 为例。

图 9-4　转发路径（粗体）　　　　　图 9-5　缩短的转发路径（粗体）

在使用任意的 13–节点网络拓扑测试了所提出的路由协议后，我们发现客户
端–服务器对之间的平均可用路径为 4。因此，在实验中，将该数字用作给定客户
端–服务器对的可用路由的最大数目。这表示每个状态最多具有 8 个行动，即在路
径 1 到 4 上丢弃数据包或传输数据包。奖励函数设置如下：

$$r = \begin{cases} -5, & \text{如果数据包通过窃听路径转发} \\ -1, & \text{如果数据包被丢弃} \\ 4, & \text{如果数据包成功地转发到客户端} \end{cases}$$

在构造的算法中，DQN 将状态向量作为输入，并输出每个行动的近似 Q 值。此
外，我们选择一个 6 层的网络，每层分别由 14、135、270、108、52 和 8 个节点组成。
该算法经过 30 000 步训练。为了获得最佳策略，网络已在训练阶段在所有的攻击模
式下都训练了足够长的时间。在实验中，我们假设入侵节点的数量小于 5。这是因
为，如果网络中入侵了 5 个或更多节点，则几乎不存在安全的路由路径。在这种情
况下，最好暂停所有通信。此外，还加入了一个入侵节点列表，该列表每 50 帧更新
一次。在每一帧中，探测器都会传回二进制检测结果（0 或 1）。作为控制器的参数，
PPV（检测准确率）和 FOR（错误遗漏率）分别设置为 0.8 和 0.05。

9.3.1　模型训练

训练遵循提出的 DQN 算法。一个问题是，由于固定的学习率相对较高，因此
深度神经网络有时会收敛到局部最优值。因此，模型被分为两个阶段进行训练：在
第一阶段使用较大的学习率 $\gamma = 10^{-3}$，并检查输出是否陷入局部最优状态；如果没
有陷入局部最优状态，则进入第二阶段，以较小的学习率 $\gamma = 10^{-5}$ 训练模型以精炼
网络，否则，从第一阶段重新开始。在每个阶段，智能体运行 6×10^4 步。如图 9-6a
和图 9-6b 所示，损失在训练开始时迅速下降，然后在很小的范围内变化。控制器在
不同攻击配置下获得的平均奖励如图 9-7 所示。

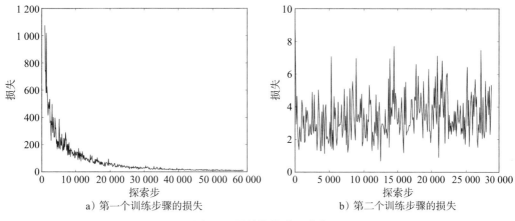

a) 第一个训练步骤的损失   b) 第二个训练步骤的损失

图9-6 训练期的学习曲线

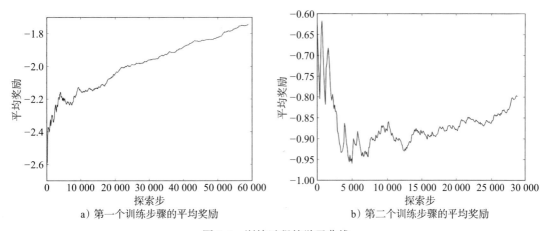

a) 第一个训练步骤的平均奖励   b) 第二个训练步骤的平均奖励

图9-7 训练过程的学习曲线

9.3.2 在线实验

在训练阶段结束后，我们在几个感兴趣的攻击模式下测试控制器。我们考虑4种攻击配置，并以入侵节点数量和攻击频率（以帧为单位）的组合表示：

$$（入侵节点数量，攻击频率）$$
$$\in \{(3,50),(3,100),(5,50),(5,100)\}$$

（9.7）

在实验中，入侵节点在每个回合中均是随机选择的，并且针对每种攻击配置，智能体都会通过贪心策略运行 3×10^3 步。从在线实验中，我们发现控制器表现出了预期的行为：它避免了入侵节点找到安全路径，并在所有路径都受到攻击时不断丢弃数据包。此外，在实验中，发现该智能体显示出能够解决假阳性检测和假阴性检测问题的能力。换句话说，当入侵发生时假阴性检测不会迷惑控制器使其无法检测到风险路径。同样，虽然假阳性检测会将正常节点误认为是入侵节点，但这并不会使控制器立即放弃这条路径。控制器在不同攻击配置下收到的平均奖励如图 9-8 所示。

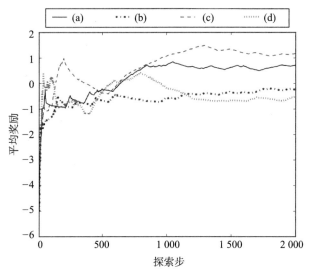

a）不同攻击配置下的平均奖励。（a）：3 个入侵节点，攻击模式每 50 帧改变一次。（b）：5 个入侵节点，攻击模式每 50 帧改变一次。（c）：3 个入侵节点，攻击模式每 100 帧改变一次。（d）：5 个入侵节点，攻击模式每 100 帧改变一次

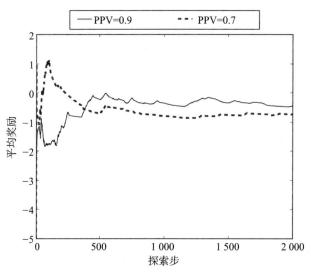

b）使用具有不同阳性预测值（PPV）的探测器的平均奖励值

图 9-8 不同攻击配置下的平均奖励

下面总结了一些观察结果。一方面，入侵节点的数量会对性能产生负影响。受

攻击的路由器 / 节点越多，剩下的安全路径就越少。当发生使所有路径都阻塞的攻击模式时，控制器会丢弃数据包并收到负奖励 −1。因此，上述实验中，在 3 个入侵节点的情况下，控制器可获得更高的平均奖励。另一方面，攻击模式的高频变化会损害性能。这是因为控制器始终需要几个步骤来找到安全的路由，并通过不断的测试来确保其值得信赖。此外，我们评估了具有不同检测能力的探测器的性能。图 9-8b 展示了当阳性预测值（PPV）分别为 0.9 和 0.7 时的平均奖励。它表明，使用具有较高 PPV（PPV = 0.9）的探测器在稳态下可获得较高的平均奖励。但是，早期阶段的 PPV = 0.9 的平均奖励曲线意味着连续检测错误的发生，这种情况意味着控制器在入侵路径上发送数据包或仅在安全路径上停留很短的时间。

9.4 讨论

在本章结束时，我们将对检测系统进行简要回顾，并讨论如何使模型与 SDN / OpenFlow 结合使用。

9.4.1 基于探测器的检测系统

为了在转发数据包时成功绕过被入侵的路由器，合适的中间人攻击检测系统至关重要。通常，检测系统包含两部分：探测器和分析引擎。

- **探测器**：顾名思义，探测器会捕获网络中的数据包并提取某些信息，例如数据包的源 IP 地址和目标 IP 地址。通常情况下，这些探测器是处于混杂模式的网卡，散布在交换机 / 路由器（主机）上，如文献 [58] 中的 NetFlow。但是，探测器可能会对常规主机的性能产生严重影响，因此仅少数主机会配备探测器。总体而言，要成功监视网络中所有节点的行为，应安装足够数量的探测器，而且探测器必须正确分布在网络中。

- **分析引擎**：在这种情况下，分析引擎的目的是在汇总来自所有分布式探测器的数据之后识别入侵节点。根据文献 [10]，如果遇到中间人攻击，数据流持续时间将增加。考虑到攻击者必须在攻击之前连接到局域网（LAN），入侵数据流中的某些特征（例如协议类型、服务、src 字节、目标字节、标志等）也将符合中间人攻击的数据流模式。基于这些特征，我们可以使用 {1, 0} 手动标记训练集，以指示节点是否已被入侵。在使用标记的训练集训练分类模型后，分析引擎将能够通过将即将到来的数据流输入分类模型中来识别每个节点的状态。但是，分类模型的结果有时可能会产生错误。因此，本章对 DQN 方法进行了研究。

9.4.2　运用 SDN/OpenFlow 使模型实用

如上所述，我们已经使用强化学习方法来提供能够绕过受感染节点的最佳路径，而找到所有可能的转发路径并在必要时在它们之间进行切换是该方法的前提。由于中间人攻击通常发生在局域网内部，因此路由可以缩小到域内路由协议，包括路由信息协议（RIP）。

但是，为了根据需要更新路由表，必须使用 SDN，SDN 是一种由控制器和三层交换机组成的架构，通常支持 OpenFlow 协议。控制器会将用户定义的应用程序的需求转化为 OpenFlow 交换机的相应行为。

在强化学习框架下，控制器将充当智能体，从位于 OpenFlow 交换机的探测器中收集数据，运行网络流分类过程（通过分析引擎）以选择最佳路径，从而提供能够绕过攻击者动态攻击的最佳表现。智能体训练时间可能会随着网络规模的增加而增加。但是，只要首次训练后主机之间的路径数都保持不变，就不再需要更多的训练。

9.5　本章小结

本章提出了一种在有线链路中防御中间人攻击的机制。该机制利用了探测器的优势，根据探测器的入侵检测结果来决定是否丢弃转发数据包。为了弥补探测器的局限性，强化学习已被用于生成有关发送数据包和选择路径的策略。由于 MDP 模型的状态空间是连续的，因此引入了神经网络来近似每个状态 – 行动对的 Q 值。我们已经在实际网络上进行了一系列实验。结果表明，该算法可以有效避开网络中的被入侵节点，并选择安全的路径发送数据包。而且算法还可以对被入侵节点的变化做出相应的反应，因此可以应用于动态攻击场景。

尽管此算法在大多数情况下都能成功避免入侵，但在对入侵变化做出反应时会出现一些延迟，并且在路径选择方面的效率较低，因为在当前模型下，智能体以几乎随机的方式测试可选路径，从而增加了不必要的测试成本。通过记录每个节点的似然率的最后更新时间，然后将这些日志添加到状态向量中，可以有效改善此情况。

参 考 文 献

[1] A. Abur and A. Gomez-Exposito. *Power System State Estimation: Theory and Implementation*, volume 24. Jan. 2004.

[2] R. Agrawal. Sample mean based index policies with $o(logn)$ regret for the multi-armed bandit problem. *Advances in Applied Probability*, 27(4):1054–1078, 1995.

[3] R. Akella, H. Tang, and B. M. McMillin. Analysis of information flow security in cyber–physical systems. *International Journal of Critical Infrastructure Protection*, 3(3-4):157–173, 2010.

[4] M. H. Ali, B. Mohammed, A. Ismail, and M. F. Zolkipli. A new intrusion detection system based on fast learning network and particle swarm optimization. *IEEE Access*, 6:20255–20261, 2018.

[5] M. A. Aref, S. K. Jayaweera, and S. Machuzak. Multi-agent reinforcement learning based cognitive anti-jamming. In *Proceedings of the Wireless Communications and Networking Conference (WCNC)*, pages 1–6, 2017.

[6] K. Arulkumaran, M. P. Deisenroth, M. Brundage, and A. A. Bharath. Deep reinforcement learning: A brief survey. *IEEE Signal Processing Magazine*, 34(6):26–38, 2017.

[7] C. Asamoah, L. Tao, K. Gai, and N. Jiang. Powering filtration process of cyber security ecosystem using knowledge graph. In *Proceedings of the 2nd IEEE International Conference of Scalable and Smart Cloud*, pages 240–246, 2016.

[8] S. Asri and B. Pranggono. Impact of distributed denial-of-service attack on advanced metering infrastructure. *Wireless Personal Communications*, 83(3):2211–2223, 2015.

[9] P. Auer, N. Cesa-Bianchi, and P. Fischer. Finite-time analysis of the multiarmed bandit problem. machine learning. *Monographs on Statistics and Applied Probability*, 47(2-3):235–256, 2002.

[10] B. Aziz and G. Hamilton. Detecting man-in-the-middle attacks by precise timing. In *Proceedings of the International Conference on Emerging Security Information, Systems and Technologies*, pages 81–86, 2009.

[11] M. Babaeizadeh, I. Frosio, S. Tyree, J. Clemons, and J. Kautz. GA3C: GPU-based A3C for deep reinforcement learning. *ArXiv*, 2016.

[12] L. Baird. Residual algorithms: Reinforcement learning with function approximation. In *Proceedings of Machine Learning*, pages

30–37. Elsevier, 1995.

[13] A. Banino, C. Barry, B. Uria, et al. Vector-based navigation using grid-like representations in artificial agents. *Nature*, 557:429–433, 2018.

[14] A. G. Barto and R. S. Sutton. Simulation of anticipatory responses in classical conditioning by a neuron-like adaptive element. *Behavioural Brain Research*, 4(3):221–235, 1982.

[15] M. Basseville and I. V. Nikiforov. *Detection of Abrupt Changes: Theory and Application*. Prentice-Hall, Inc., Upper Saddle River, NJ, USA, 1993.

[16] D. S. Bernstein, R. Givan, N. Immerman, and S. Zilberstein. The complexity of decentralized control of Markov decision processes. *Mathematics of Operations Research*, 27(4):819–840, 2002.

[17] D. A. Berry and B. Fristedt. Bandit problems: Sequential allocation of experiments. *Monographs on Statistics and Applied Probability*, 1985.

[18] R. B. Bobba, K. M. Rogers, Q. Wang, H. Khurana, K. Nahrstedt, and T. J. Overbye. Detecting false data injection attacks on dc state estimation. In *Preprints of the First Workshop on Secure Control Systems*, 2010.

[19] S. J. Bradtke and M. O. Duff. Reinforcement learning methods for continuous-time Markov decision problems. In *Advances in Neural Information Processing Systems*, pages 393–400, 1995.

[20] A. L. Buczak and E. Guven. A survey of data mining and machine learning methods for cyber security intrusion detection. *IEEE Communications Surveys & Tutorials*, 18(2):1153–1176, 2016.

[21] H. M. Buini, S. Peter, and T. Givargis. Adaptive embedded control of cyber-physical systems using reinforcement learning. *IET Cyber-Physical Systems: Theory & Applications*, 2(3):127–135, 2017.

[22] J. C. Caicedo and S. Lazebnik. Active object localization with deep reinforcement learning. In *Proceedings of the International Conference on Computer Vision (ICCV)*, pages 2488–2496, 2015.

[23] F. Callegati, W. Cerroni, and M. Ramilli. Man-in-the-middle attack to the https protocol. *IEEE Security & Privacy*, 7(1):78–81, 2009.

[24] A. Cardenas, S. Amin, B. Sinopoli, et al. Challenges for securing cyber physical systems. In *Workshop on Future Directions in Cyber-Physical Systems Security*, volume 5, 2009.

[25] A. A. Cardenas, S. Amin, and S. Sastry. Research challenges for the security of control systems. In *HotSec*, 2008.

[26] H. Chae, C. M. Kang, B. D. Kim, J. Kim, C. C. Chung, and J. W. Choi. Autonomous braking system via deep reinforcement learning. *ArXiv*, 2017.

[27] C. S. Chao. A flexible and feasible anomaly diagnosis system for internet firewall rules. In *Proceedings of the 13th Asia-Pacific Network Operations and Management Symposium*, pages 1–8, Sept. 2011.

[28] S. Chattopadhyay, A. Banerjee, and B. Yu. A utility-driven data transmission optimization strategy in large scale cyber-physical systems. In *Design, Automation & Test in Europe Conference & Exhibition (DATE)*, pages 1619–1622, 2017.

[29] F. Chelsea, Y. T. Xin, D. Yan, D. Trevor, L. Sergey, and A. Pieter. Deep Spatial Autoencoders for Visuomotor Learning. In *Proceedings of the International Conference on Robotics and Automation (ICRA)*, 2016.

[30] Y. Chen, S. Huang, F. Liu, Z. Wang, and X. Sun. Evaluation of reinforcement learning based false data injection attack to automatic voltage control. *IEEE Transactions on Smart Grid*, PP(99):1–1, 2018.

[31] T. M. Cover and J. A. Thomas. *Elements of Information Theory*. John Wiley & Sons, Inc., 2006.

[32] H. Cui, H. Zhang, G. R. Ganger, P. B. Gibbons, and E. P. Xing. GeePS: Scalable deep learning on distributed GPUs with a GPU-specialized parameter server. In *Proceedings of the 11th European Conference on Computer Systems*, 2016.

[33] J. Dell, T. Greiner, and W. Rosenstiel. Model-based platform design and evaluation of cloud-based cyber-physical systems. In *Proceedings of the 12th IEEE International Conference on Industrial Informatics (INDIN)*, pages 376–381, 2014.

[34] B. Di, T. Wang, L. Song, and Z. Han. Incentive mechanism for collaborative smartphone sensing using overlapping coalition formation games. In *Proceedings of the IEEE Global Communications Conference (GLOBECOM)*, pages 1705–1710, 2013.

[35] J. S. Dibangoye, C. Amato, O. Buffet, and F. Charpillet. Optimally solving Dec-POMDPs as continuous-state MDPs. *Journal of Artificial Intelligence Research*, 55:443–497, 2016.

[36] C. Diekmann, L. Schwaighofer, and G. Carle. Certifying spoofing-protection of firewalls. In *International Conference on Network and Service Management (CNSM)*, pages 168–172, Nov 2015.

[37] W. Dinkelbach. On nonlinear fractional programming. *Management Science*, 13(7):492–498, 1967.

[38] F. Doshi-Velez, D. Wingate, N. Roy, and J. Tenenbaum. Nonparametric bayesian policy priors for reinforcement learning. In *Proceedings of the 23rd International Conference on Neural Information Processing Systems*, pages 532–540, 2010.

[39] L. Duan, T. Kubo, K. Sugiyama, J. Huang, T. Hasegawa, and J. Walrand. Motivating smartphone collaboration in data acquisition and distributed computing. *IEEE Transactions on Mobile*

Computing, 13(10):2320–2333, 2014.

[40] L. Duan, A. W. Min, J. Huang, and K. G. Shin. Attack prevention for collaborative spectrum sensing in cognitive radio networks. *IEEE Journal on Selected Areas in Communications*, 30(9):1685–1665, 2012.

[41] M. Esmalifalak, H. Nguyen, R. Zheng, and Zhu Han. Stealth false data injection using independent component analysis in smart grid. In *IEEE International Conference on Smart Grid Communications (SmartGridComm)*, pages 244–248, Oct 2011.

[42] K. Fang and B. Guo. An efficient data transmission strategy for cyber-physical systems in the complicated environment. In *Proceedings of the 7th International Conference on Intelligent Human-Machine Systems and Cybernetics (IHMSC)*, volume 2, pages 541–545, 2015.

[43] M. Feng and H. Xu. Deep reinforcement learning based optimal defense for cyber-physical system in presence of unknown cyber-attack. In *IEEE Symposium Series on Computational Intelligence (SSCI)*, pages 1–8, 2017.

[44] C. Francois. *Deep Learning with Python*. Manning Publications Co., 2017.

[45] K. Gai, M. Qiu, Y. Li, and X. Y. Liu. Advanced fully homomorphic encryption scheme over real numbers. In *Proceedings of the 4th International Conference on Cyber Security and Cloud Computing (CSCloud)*, pages 64–69, June 2017.

[46] K. Gai, M. Qiu, X. Sun, and H. Zhao. Security and privacy issues: A survey on FinTech. In *Proceedings of International Conference on Smart Computing and Communications*, pages 236–247, Shenzhen, China, 2016.

[47] A. H. Gandomi and A. H. Alavi. Krill herd: A new bio-inspired optimization algorithm. *Communications in Nonlinear Science and Numerical Simulation*, 17(12):4831–4845, 2012.

[48] R. Ganesan, S. Jajodia, A. Shah, and H. Cam. Dynamic scheduling of cybersecurity analysts for minimizing risk using reinforcement learning. *ACM Transactions on Intelligent Systems and Technology (TIST)*, 8(1):4, 2016.

[49] M. Glavic, R. Fonteneau, and D. Ernst. Reinforcement learning for electric power system decision and control: Past considerations and perspectives. *IFAC-PapersOnLine*, 50(1):6918–6927, 2017.

[50] C. D. Green. *Introduction to Animal Intelligence*, Edward Lee Thorndike (1911).

[51] X. Guo and O. Hernandez-Lerma. *Continuous-time Markov Decision Processes*. Springer, 2009.

[52] J. Han, A. Shah, M. Luk, and A. Perrig. Don't sweat your privacy

using humidity to detect human presence. *Citeseer*, 2007.

[53] E. A. Hansen and S. Zilberstein. LAO: A heuristic search algorithm that finds solutions with loops. *Artificial Intelligence*, 129(1-2):35–62, 2001.

[54] H. Van Hasselt. Double q-learning. In *Advances in Neural Information Processing Systems*, pages 2613–2621, 2010.

[55] H. Van Hasselt. *Insights in Reinforcement Learning*. Hado Philip van Hasselt, 2011.

[56] I. L. S. Hendarto and Y. Kurniawan. Performance factors of a CUDA GPU parallel program: A case study on a pdf password cracking brute-force algorithm. In *International Conference on Computer, Control, Informatics and Its Applications (IC3INA)*, pages 35–40, Oct 2017.

[57] S. Hochreiter and J. Schmidhuber. Long short-term Memory. *Neural Computation*, 9(8):1735–1780, 1997.

[58] R. Hofstede, P. Celeda, B. Trammell, I. Drago, R. Sadre, A. Sperotto, and A. Pras. Flow monitoring explained: From packet capture to data analysis with NetFlow and IPFIX. *IEEE Communication Surveys & Tutorials*, 16(4):2037–2064, 2014.

[59] D. Horgan, J. Quan, D. Budden, G. Barth-Maron, M. Hessel, H. van Hasselt, and D. Silver. Distributed prioritized experience replay. *ArXiv*, 2018.

[60] R. Houthooft, X. Chen, Y. Duan, J. Schulman, F. De Turck, and Pieter Abbeel. VIME: Variational Information Maximizing Exploration. In *Proceedings of the International Conference on Neural Information Processing Systems (NIPS)*, 2016.

[61] X. Huang and J. Dong. Reliable control policy of cyber-physical systems against a class of frequency-constrained sensor and actuator attacks. *IEEE Transactions on Cybernetics*, 2018.

[62] Y. Bengio I. Goodfellow and A. Courvill. *Deep Learning*. The MIT Press, 2016.

[63] J. Inoue, Y. Yamagata, Y. Chen, C. M. Poskitt, and J. Sun. Anomaly detection for a water treatment system using unsupervised machine learning. *arXiv preprint arXiv:1709.05342*, 2017.

[64] M. R. Islam, M. M. S. Pahalovim, T. Adhikary, M. A. Razzaque, M. M. Hassan, and A. Alsanad. Optimal execution of virtualized network functions for applications in cyber-physical-social-systems. *IEEE Access*, 6:8755–8767, 2018.

[65] S. Levine J. Schulman and P. Abbeel. Trust Region Policy Optimization. In *Proceedings of the 31st International Conference on Machine Learning (ICML)*, pages 1889–1897, 2015.

[66] T. Jaakkola, S. P. Singh, and M. I. Jordan. Reinforcement learning algorithm for partially observable Markov decision problems. In *Proceedings of the 7th International Conference on Neural In-*

formation Processing Systems (NIPS), pages 345–352, 1994.

[67] M. Kadar, R. Jardim-Goncalves, C. Covaciu, and S. Bullon. Intelligent defect management system for porcelain industry through cyber-physical systems. In *International Conference on Engineering, Technology and Innovation (ICE/ITMC)*, pages 1338–1343, 2017.

[68] R. E. Kalman. A new approach to linear filtering and prediction problems. *Journal of Basic Engineering*, 82(Series D):35–45, 1960.

[69] G. Karatas and O. K. Sahingoz. Neural network based intrusion detection systems with different training functions. In *Proceedings of the 6th International Symposium on Digital Forensic and Security (ISDFS)*, pages 1–6, March 2018.

[70] U. Khurana, H. Samulowitz, and D. Turaga. Feature engineering for predictive modeling using reinforcement learning. *arXiv preprint*, 2017.

[71] H. Koc and P. P. Madupu. Optimizing energy consumption in cyber physical systems using multiple operating modes. In *IEEE Annual Computing and Communication Workshop and Conference (CCWC)*, pages 520–525, 2018.

[72] H. W. Kuhn. The Hungarian method for the assignment problem. *Naval Research Logistics Quarterly*, 2(1–2):83–97, 1955.

[73] M. N. Kurt, O. Ogundijo, C. Li, and X. Wang. Online cyber-attack detection in smart grid: A reinforcement learning approach. *IEEE Transactions on Smart Grid*, 2018.

[74] M. N. Kurt, Y. Yilmaz, and X. Wang. Real-Time Detection of Hybrid and Stealthy Cyber-Attacks in Smart Grid. *ArXiv e-prints*.

[75] M. N. Kurt, Y. Yilmaz, and X. Wang. Distributed quickest detection of cyber-attacks in smart grid. *IEEE Transactions on Information Forensics and Security*, 13(8):2015–2030, 2018.

[76] C. Kwon, W. Liu, and I. Hwang. Security analysis for cyber-physical systems against stealthy deception attacks. In *American Control Conference (ACC)*, pages 3344–3349, 2013.

[77] T. L. Lai and H. Robbins. Finite-time analysis of the multi-armed bandit problem. machine learning. *Advances in Applied Mathematics*, 6(1):4–12, 1985.

[78] S. Lakshminarayana, T. Z. Teng, D. Yau, and R. Tan. Optimal attack against cyber-physical control systems with reactive attack mitigation. In *Proceedings of the International Conference on Future Energy Systems*, pages 179–190, 2017.

[79] P. L. Lanzi. Adaptive agents with reinforcement learning and internal memory. In *Meyer, J.-A. et al., (Eds.), From Animals to Animats 6: Proceedings of the Sixth International Conference*

on the Simulation of Adaptive Behavior, pages 333–342. MIT Press, 2000.

[80] Y. LeCun, L. Bottou, Y. Bengio, and P. Haffner. Gradient-based learning applied to document recognition. *Proceedings of the IEEE*, 86(11):2278–2324, 1998.

[81] E. Lee. The past, present and future of cyber-physical systems: A focus on models. *Sensors*, 15(3):4837–4869, Feb 2015.

[82] J. Lee, B. Bagheri, and H. A. Kao. A cyber-physical systems architecture for industry 4.0-based manufacturing systems. *Manufacturing Letters*, 3:18–23, 2015.

[83] S. Levine and V. Koltun. Guided policy search. In *Proceedings of the International Conference on Machine Learning (ICML)*, 2013.

[84] L. Li, W. Chu, J. Langford, and R. E. Schapire. A contextual-bandit approach to personalized news article recommendation. In *Proceedings of the 19th International Conference on World Wide Web*, pages 661–670, 2010.

[85] L. Li and M. L. Littman. Lazy approximation for solving continuous finite-horizon MDPs. In *AAAI*, pages 1175–1180, 2005.

[86] Q. Li, Y. Li, J. Gao, B. Zhao, W. Fan, and J. Han. Resolving conflicts in heterogeneous data by truth discovery and source reliability estimation. In *Proceedings of ACM Special Interest Group Manage. Data (SIGMOD)*, pages 1187–1198, Snowbird, UT, USA, 2014.

[87] S. Li, Q. Ni, Y. Sun, G. Min, and S. Al-Rubaye. Energy-efficient resource allocation for industrial cyber-physical IoT systems in 5G era. *IEEE Transactions on Industrial Informatics*, 14(6):2618–2628, 2018.

[88] S. Li, Y. Yilmaz, and X. Wang. Quickest detection of false data injection attack in wide-area smart grids. *IEEE Transactions on Smart Grid*, 6(6):2725–2735, Nov. 2015.

[89] G. Liang, J. Zhao, F. Luo, S. Weller, and Z. Y. Dong. A review of false data injection attacks against modern power systems. *IEEE Transactions on Smart Grid*, 8(4):1630–1638, 2016.

[90] T. P. Lillicrap, J. J. Hunt, A. Pritzel, N. Heess, T. Erez, Y. Tassa, D. Silver, and D. Wierstra. Continuous control with deep reinforcement learning. In *Proceedings of the International Conference on Learning Representations (ICLR)*, 2016.

[91] M. H. Ling, K. L. A. Yau, J. Qadir, G. S. Poh, and Q. Ni. Application of reinforcement learning for security enhancement in cognitive radio networks. *Applied Soft Computing*, 37(C):809–829, 2015.

[92] P. Liu, Y. Gao, and W. Guo. Improved krill group algorithm based on natural selection and stochastic perturbation. In *Small*

Microcomputer System (MICO), 38(8), pages 1845–1849, 2017.

[93] Y. Liu, P. Ning, and M. K. Reiter. False data injection attacks against state estimation in electric power grids. In *Proceedings of the 16th ACM Conference on Computer and Communications Security*, pages 21–32, New York, NY, USA, 2009.

[94] J. Loch and S. P. Singh. Using eligibility traces to find the best memoryless policy in partially observable Markov decision processes. In *Proceedings of the International Conference on Machine Learning (ICML)*, pages 323–331, San Francisco, CA, USA, 1998.

[95] G. Lorden. Procedures for reacting to a change in distribution. *Ann. Math. Statist.*, 42(6):1897–1908, 1971.

[96] L. Ma, L. Tao, K. Gai, and Y. Zhong. A novel social network access control model using logical authorization language in cloud computing. *Concurrency and Computation: Practice and Experience*, 29(14), 2017.

[97] L. Ma, L. Tao, Y. Zhong, and K. Gai. RuleSN: Research and application of social network access control model. In *Proceedings of International Conference on Intelligent Data and Security*, pages 418–423, New York, USA, 2016.

[98] K. Manandhar, X. Cao, F. Hu, and Y. Liu. Detection of faults and attacks including false data injection attack in smart grid using kalman filter. *IEEE Transactions on Control of Network Systems*, 1(4):370–379, Dec 2014.

[99] W. Manuel, S. Jost, B. Joschka, and R. Martin. Rectified linear units improve restricted boltzmann machines. In *Proceedings of the International Conference on Neural Information Processing Systems (NIPS)*, pages 2746–2754, 2015.

[100] S. Mazumdar, E. Ayguade, N. Bettin, et al. Axiom: A hardware-software platform for cyber physical systems. In *Euromicro Conference on Digital System Design (DSD)*, pages 539–546, 2016.

[101] N. Meuleau, L. Peshkin, K-E. Kim, and L. P. Kaelbling. Learning finite-state controllers for partially observable environments. In *Proceedings of the Fifteenth Conference on Uncertainty in Artificial Intelligence*, pages 427–436, San Francisco, CA, USA, 1999.

[102] R. Meyes, H. Tercan, S. Roggendorf, et al. Motion planning for industrial robots using reinforcement learning. *Procedia CIRP*, 63:107–112, 2017.

[103] D. Michie. Trial and error. *Science Survey*, pages 129–145.

[104] D. Michie. *On Machine Intelligence*. Edinburgh University Press, Edinburgh, 1974.

[105] D. Michie and R. A. Chambers. Boxes: An experiment in adaptive control. *Machine intelligence*, 2(2):137–152, 1968.

[106] M. Minsky. Steps toward artificial intelligence. In *Proceedings of the IRE*, pages 8–30, 1961.

[107] M. L. Minsky. *Theory of neural-analog reinforcement systems and its application to the brain-model problem*. PhD thesis, Princeton University, 1954.

[108] V. Mnih, A. P. Badia, M. Mirza, et al. Asynchronous methods for deep reinforcement learning. In *Proceedings of the International Conference on Learning Representations (ICLR)*, 2016.

[109] V. Mnih, K. Kavukcuoglu, D. Silver, et al. Human-level control through deep reinforcement learning. *Nature*, 518(7540):529–533, 2015.

[110] H. Mo and G. Sansavini. Dynamic defense resource allocation for minimizing unsupplied demand in cyber-physical systems against uncertain attacks. *IEEE Transactions on Reliability*, 66(4):1253–1265, 2017.

[111] S. Mohamed and D. J. Rezende. Variational information maximization for intrinsically motivated reinforcement learning. In *Proceedings of the International Conference on Neural Information Processing Systems (NIPS)*, 2015.

[112] G. V. Moustakides. Optimal stopping times for detecting changes in distributions. *Ann. Statist.*, 14(4):1379–1387, 1986.

[113] S. Mukkamala, G. Janoski, and A. Sung. Intrusion detection using neural networks and support vector machines. In *Proceedings of the International Joint Conference on Neural Networks*, volume 2, pages 1702–1707, 2002.

[114] A. Nair, P. Srinivasan, S. Blackwell, et al. Massively parallel methods for deep reinforcement learning. *ArXiv*, 2015.

[115] V. Nair and G. E. Hinton. Rectified linear units improve restricted Boltzmann machines. In *Proceedings of the International Conference on Machine Learning (ICML)*, pages 807–814, 2010.

[116] V. Navda, A. Bohra, S. Ganguly, and D. Rubenstein. Using channel hopping to increase 802.11 resilience to jamming attacks. *IEEE 26th Conference on Computer Communications (INFOCOM)*, pages 2526–2530, 2007.

[117] Y. Nevmyvaka, Y. Feng, and M. Kearns. Reinforcement learning for optimized trade execution. In *Proceedings of the International Conference on Machine learning (ICML)*, pages 673–680, 2006.

[118] M. Nielsen. *Neural Networks and Deep Learning*. Online ebook: http://neuralnetworksanddeeplearning.com/index.html, 2016.

[119] W. Niklas, B. S. Thomas, and M. P. Deisenroth. Learning deep dynamical models from image pixels. In *Proceedings of IFAC Symposium on System Identification (SYSID)*, 2015.

[120] W. Niklas, B. S. Thomas, and M. P. Deisenroth. Policy learning with deep dynamical models. In *International Conference on Machine Learning Workshop on Deep Learning*, 2015.

[121] J. Oh, X. Guo, H. Lee, R. L. Lewis, and S. Singh. Action-

conditional video prediction using deep networks in Atari games. In *Proceedings of the International Conference on Neural Information Processing Systems (NIPS)*, 2015.

[122] X. Pan, Y. You, Z. Wang, and C. Lu. Virtual to real reinforcement learning for autonomous driving. *ArXiv*, 2017.

[123] Y. P. Pane, S. P. Nageshrao, and R. Babuska. Actor-critic reinforcement learning for tracking control in robotics. In *IEEE Conference on Decision and Control (CDC)*, pages 5819–5826, 2016.

[124] R. Pascanu, Y. Li, O. Vinyals, N. Heess, et al. Learning model-based planning from scratch. *arXiv:1707.06170*, 2017.

[125] D. Pathak, P. Agrawal, A. A. Efros, and T. Darrell. Curiosity-driven exploration by self-supervised prediction. In *Proceedings of the International Conference on Machine Learning (ICML)*, 2017.

[126] T. J. Perkins. Reinforcement learning for POMDPs based on action values and stochastic optimization. In *AAAI*, pages 199–204, Menlo Park, CA, USA, 2002.

[127] L. Peshkin, N. Meuleau, and L. P. Kaelbling. Learning policies with external memory. *CoRR*, cs.LG/0103003, 2001.

[128] A. S. Polunchenko and A. G. Tartakovsky. State-of-the-art in sequential change-point detection. *Methodology and Computing in Applied Probability*, 14(3):649–684, Sep 2012.

[129] M. Pontil. Advanced topics in machine learning. *GI13 Course Exam Notes, University College London*, 2005.

[130] H. V. Poor and O. Hadjiliadis. *Quickest Detection*. Cambridge University Press, 2008.

[131] S. Racaniere, T. Weber, D. P. Reichert, L. Buesing, et al. Imagination-augmented agents for deep reinforcement learning. In *Advances in Neural Information Processing Systems*, pages 5690–5701, 2017.

[132] R. R. Rajkumar, I. Lee, L. Sha, and J. Stankovic. Cyber-physical systems: The next computing revolution. In *Proceedings of the 47th Design Automation Conference*, pages 731–736. ACM, 2010.

[133] J. Randlv and P. Alstrm. Learning to drive a bicycle using reinforcement learning and shaping. In *Proceedings of the International Conference on Machine Learning (ICML)*, pages 463–471, 1998.

[134] D. B. Rawat and C. Bajracharya. Detection of false data injection attacks in smart grid communication systems. *IEEE Signal Processing Letters*, 22(10):1652–1656, Oct 2015.

[135] T. C. Reed. *At the Abyss: An Insider's History of the Cold War*. Presidio Press, 2005.

[136] R. L. Rivest, L. Adleman, and M. L. Dertouzos. On data banks and privacy homomorphisms. *Foundations of Secure Computation, Academia Press*, pages 169–179, 1978.

[137] H. Robbins. Some aspects of the sequential design of experiments. *Bulletin of the American Mathematical Society*, 58(5):527–535, 1952.

[138] M. Rosenberg and N. Confessore. Justice department and F.B.I. are investigating Cambridge Analytica. *The New York Times*, May 2018.

[139] S. Ross, J. Pineau, B. Chaib-draa, and P. Kreitmann. A Bayesian approach for learning and planning in partially observable Markov decision processes. *J. Mach. Learn. Res.*, 12:1729–1770, July 2011.

[140] D. E. Rumelhart, G. E. Hinton, and R. J. Williams. Learning representations by back-propagating errors. *Nature*, 323(6088):533, 1986.

[141] S. Shammah S. Shalev-Shwartz and A. Shashua. https://www.dropbox.com/s/136nbndtdyehtgi/, 2016.

[142] B. Satchidanandan and P. R. Kumar. Secure control of networked cyber-physical systems. In *Proceedings of IEEE Conference on Decision and Control (CDC)*, pages 283–289, 2016.

[143] J. Schmidhuber. A possibility for implementing curiosity and boredom in model-building neural controllers. *In SAB*, 1991.

[144] J. Schulman, P. Moritz, S. Levine, M. Jordan, and P. Abbeel. High-dimensional continuous control using generalized advantage estimation. In *Proceedings of the International Conference on Learning Representations (ICLR)*, 2016.

[145] H. Van Seijen, H. Van Hasselt, S. Whiteson, and M. Wiering. A theoretical and empirical analysis of expected sarsa. *IEEE Symposium on Adaptive Dynamic Programming and Reinforcement Learning*, 2009.

[146] B. Shahriari, K. Swersky, Z. Wang, R. P. Adams, and N. Freitas. Taking the human out of the loop: A review of Bayesian optimization. *Proceedings of the IEEE*, 104(1):148–175, 2016.

[147] S. Shalev-Shwartz, S. Shammah, and A. Shashua. Safe, multi-agent, reinforcement learning for autonomous driving. *arXiv preprint arXiv:1610.03295*, 2016.

[148] J. Shin, Y. Baek, Y. Eun, and S. H. Son. Intelligent sensor attack detection and identification for automotive cyber-physical systems. In *IEEE Symposium Series on Computational Intelligence (SSCI)*, pages 1–8, 2017.

[149] J. Silberholz and B. Golden. *Comparison of Metaheuristics*, pages 625–640. Springer US, Boston, MA, 2010.

[150] D. Silver, A. Huang, and *et al.* C. J. Maddison. Mastering the

game of go with deep neural networks and tree search. *Nature*, 529(7587):484–489, 2016.

[151] D. Silver, G. Lever, N. Heess, T. Degris, D. Wierstra, and M. Riedmiller. Deterministic policy gradient algorithms. In *Proceedings of the International Conference on Machine learning (ICML)*, 2014.

[152] S. P. Singh and R. S. Sutton. Reinforcement learning with replacing eligibility traces. *Machine Learning*, 22:123–158, 1996.

[153] J. Slay and M. Miller. Lessons learned from the Maroochy water breach. In *International Conference on Critical Infrastructure Protection*, pages 73–82. Springer, 2007.

[154] E. J. Sondik. The optimal control of partially observable Markov processes. Technical report, Stanford, 1971.

[155] B. C. Stadie, S. Levine, and P. Abbeel. Incentivizing Exploration in Reinforcement Learning with Deep Predictive Models. In *Proceedings of the International Conference on Neural Information Processing Systems (NIPS)*, 2015.

[156] W. Stallings. *Cryptography and Network Security: Principles and Practice*. Pearson Education India, 2003.

[157] R. S. Sutton. Single channel theory: A neuronal theory of learning. *Brain Theory Newsletter*, 4:72–75, 1978.

[158] R. S. Sutton and A. G. Barto. Toward a modern theory of adaptive networks: Expectation and prediction. *Psychological Review*, 88(2):135, 1981.

[159] R. S. Sutton and A. G. Barto. *Reinforcement Learning: An Introduction*. MIT press Cambridge, 1998.

[160] R. S. Sutton, D. A. McAllester, S. P. Singh, and Y. Mansour. Policy gradient methods for reinforcement learning with function approximation. In *Proceedings of the International Conference on Neural Information Processing Systems (NIPS)*, volume 12, pages 1057–1063, 1999.

[161] J. Sztipanovits. Cyber physical systems: New challenges for model-based design. 2008. Report.

[162] S. Tan, D. De, W. Z. Song, J. Yang, and S. K. Das. Survey of security advances in smart grid: A data driven approach. *IEEE Communications Surveys Tutorials*, 19(1):397–422, 2017.

[163] H. Tang, S. Feng, X. Zhao, and Y. Jin. Virtav: An agentless antivirus system based on in-memory signature scanning for virtual machine. In *Proceedings of the 18th International Conference on Advanced Communication Technology (ICACT)*, pages 124–133, Jan 2016.

[164] A. Teixeira, S. Amin, H. Sandberg, K. H. Johansson, and S. S. Sastry. Cyber security analysis of state estimators in electric power systems. In *Proceedings of the 49th IEEE Conference on Decision and Control (CDC)*, pages 5991–5998, 2010.

[165] W. R. Thompson. On the likelihood that one unknown probability exceeds another in view of the evidence of two samples. *Biometrika*, 25(3-4):285–294, 1933.

[166] S. Thrun and L. Pratt. *Learning to Learn*. Kluwer Academic Publishers Norwell, MA, USA, 1998.

[167] R. Tkatchuk. Is data the currency of the future? *CIO*, Sep. 2017.

[168] W. T. Uther and M. M. Veloso. Tree based discretization for continuous state space reinforcement learning. In *AAAI/IAAI*, pages 769–774, 1998.

[169] V. V. Veeravalli and T. Banerjee. Quickest change detection. In *Academic Press Library in Signal Processing: Array and Statistical Signal Processing*, volume 3, pages 209–255. Elsevier, 2014.

[170] M. Vilgelm, O. Ayan, S. Zoppi, and W. Kellerer. Control-aware uplink resource allocation for cyber-physical systems in wireless networks. In *Proceedings of 23th European Wireless Conference;*, pages 1–7, 2017.

[171] G. C. Walsh and H. Ye. Scheduling of networked control systems. *IEEE Control Systems*, 21(1):57–65, Feb 2001.

[172] M. Waltz and K. Fu. A heuristic approach to reinforcement learning control systems. *IEEE Transactions on Automatic Control*, 10(4):390–398, 1965.

[173] J. Wan, D. Zhang, Y. Sun, K. Lin, C. Zou, and H. Cai. VCMIA: A novel architecture for integrating vehicular cyber-physical systems and mobile cloud computing. *Mobile Networks and Applications*, 19(2):153–160, 2014.

[174] B. Wang, Y. Wu, K. J. R. Liu, and T. C. Clancy. An anti-jamming stochastic game for cognitive radio networks. *IEEE Journal on Selected Areas in Communications*, 29(4):877–889, 2011.

[175] E. K. Wang, Y. Ye, X. Xu, S-M. Yiu, L. C. K. Hui, and K-P. Chow. Security issues and challenges for cyber physical system. In *Proceedings of the IEEE/ACM Int'l Conference on Green Computing and Communications & Int'l Conference on Cyber, Physical and Social Computing*, pages 733–738, 2010.

[176] H. Wang, J. Li, and H. Gao. Dynamic resource allocation of gateways for packet transmission in cyber-physical systems. In *Proceedings of the 11th International Conference on Mobile Adhoc and Sensor Networks (MSN)*, pages 150–157, 2015.

[177] W. Wang, L. Chen, K. G. Shin, and L. Duan. Thwarting intelligent malicious behaviors in cooperative spectrum sensing. *IEEE Journal on Selected Areas in Communications*, 14(11):2392 –2405, 2015.

[178] W. Wang and Z. Lu. Cyber security in the smart grid: Survey and challenges. *Computer Networks*, 57(5):1344–1371, 2013.

[179] C. Watkins and J. C. Hellaby. *Learning from delayed rewards.* PhD thesis, King's College, Cambridge, 1989.

[180] J. Wei and G. J. Mendis. A deep learning-based cyber-physical strategy to mitigate false data injection attack in smart grids. In *Joint Workshop on Cyber-Physical Security and Resilience in Smart Grids (CPSR-SG)*, pages 1–6, 2016.

[181] B. Widrow, N. K. Gupta, and S. Maitra. Punish/reward: Learning with a critic in adaptive threshold systems. *IEEE Transactions on Systems, Man, and Cybernetics*, (5):455–465, 1973.

[182] Wikipedia. Sufficient statistic, 2018. [Online; accessed 9-April-2018].

[183] R. J. Williams. Simple statistical gradient-following algorithms for connectionist reinforcement learning. *Machine Learning*, 6:229–256, 1992.

[184] R. J. Williams and L. C. Baird. Tight performance bounds on greedy policies based on imperfect value functions. Technical report, Citeseer, 1993.

[185] I. H. Witten. An adaptive optimal controller for discrete-time Markov environments. *Information and Control*, 34(4):286–295, 1977.

[186] W. Wolf. News briefs. *Computer*, 40(11):104–105, Nov. 2007.

[187] A. Wood and J. Stankovic. Denial of service in sensor networks. *IEEE Computer*, 35(10):54–62, 2002.

[188] D. Work, A. Bayen, and Q. Jacobson. Automotive cyber physical systems in the context of human mobility. In *National Workshop on High-Confidence Automotive Cyber-Physical Systems*, pages 3–4, 2008.

[189] G. Wu, W. Bao, X. Zhu, W. Xiao, and J. Wang. Optimal dynamic reserved bandwidth allocation for cloud-integrated cyber-physical systems. *IEEE Access*, 5:26224–26236, 2017.

[190] L. Xiao, Y. Li, G. Han, H. Dai, and H. V. Poor. A secure mobile crowdsensing game with deep reinforcement learning. *IEEE Transactions on Information Forensics and Security*, 2017.

[191] L. Xiao, Y. Li, G. Han, G. Liu, and W. Zhuang. PHY-layer spoofing detection with reinforcement learning in wireless networks. *IEEE Transactions on Vehicular Technology*, 65(12):10037–10047, 2016.

[192] L. Xiao, Y. Li, X. Huang, and X. Du. Cloud-based malware detection game for mobile device with offloading. *IEEE Transactions on Mobile Computing*, 16(10):2742–2750, 2017.

[193] L. Xiao, X. Wan, C. Dai, X. Du, X. Chen, and M. Guizani. Security in mobile edge caching with reinforcement learning. *arXiv preprint arXiv:1801.05915*, 2018.

[194] C. Xie and L. Xiao. User-centric view of smart attacks in wireless networks. In *IEEE International Conference on Ubiquitous Wireless Broadband*, pages 1–6, 2017.

[195] L. Xie, Y. Mo, and B. Sinopoli. False data injection attacks in electricity markets. In *Proceedings of the 1st IEEE International Conference on Smart Grid Communications*, pages 226–231, Oct. 2010.

[196] W. Xu, T. Wood, W. Trappe, and Y. Zhang. Channel surfing and spatial retreats: Defenses against wireless denial of service. In *Proceedings of the 3rd ACM Workshop on Wireless Security (WiSe)*, pages 80–89, 2004.

[197] Z. Xu and Q. Zhu. Secure and practical output feedback control for cloud-enabled cyber-physical systems. In *IEEE Conference on Communications and Network Security (CNS)*, pages 416–420, 2017.

[198] J. Yan, H. He, X. Zhong, and Y. Tang. Q-learning-based vulnerability analysis of smart grid against sequential topology attacks. *IEEE Transactions on Information Forensics and Security*, 12(1):200–210, Jan 2017.

[199] Y. Yan, Y. Qian, H. Sharif, and D. Tipper. A survey on cyber security for smart grid communications. *IEEE Communications Surveys & Tutorials*, 2012.

[200] K. Yang, D. Blaauw, and D. Sylvester. Hardware designs for security in ultra-low-power IoT systems: An overview and survey. *IEEE Micro*, 37(6):72–89, November 2017.

[201] Y. Yang, Y. Ma, W. Xiang, X. Gu, and H. Zhao. Joint optimization of energy consumption and packet scheduling for mobile edge computing in cyber-physical networks. *IEEE Access*, 6:15576–15586, 2018.

[202] H. Yin, K. Gai, and Z. Wang. A classification algorithm based on ensemble feature selections for imbalanced-class dataset. In *Proceedings of the 2nd IEEE International Conference on High Performance and Smart Computing*, pages 245–249, New York, USA, 2016.

[203] B. Yoshua, L. Jerome, C. Ronan, and W. Jason. Curriculum learning. In *Proceedings of the International Conference on Machine Learning (ICML)*, 2009.

[204] T. Young, D. Hazarika, S. Poria, and E. Cambria. Recent trends in deep learning based natural language processing. *arXiv preprint arXiv:1708.02709*, 2017.

[205] A. Yu, R. Palefsky-Smith, and R. Bedi. Deep reinforcement learning for simulated autonomous vehicle control. *Course Project Reports: Winter*, pages 1–7, 2016.

[206] Y. Zhang, L. Wang, W. Sun, R. C. Green, and M. Alam. Distributed intrusion detection system in a multi-layer network architecture of smart grids. *IEEE Transactions on Smart Grid*,

2(4):796–808, 2011.

[207] Y. Zhang, I-L. Yen, F. B. Bastani, A. T. Tai, and S. Chau. Optimal adaptive system health monitoring and diagnosis for resource constrained cyber-physical systems. In *Proceedings of the 20th International Symposium on Software Reliability Engineering*, pages 51–60, 2009.

[208] Q. Zhu, C. Rieger, and T. Bassar. A hierarchical security architecture for cyber-physical systems. In *Proceedings of the 4th International Symposium on Resilient Control Systems (ISRCS)*, pages 15–20, 2011.

[209] R. D. Zimmerman, C. E. Murillo-Snchez, and R. J. Thomas. Matpower: Steady-state operations, planning, and analysis tools for power systems research and education. *IEEE Transactions on Power Systems*, 26(1):12–19, Feb. 2011.

索　引

索引中的页码为英文原版书的页码，与书中页边标注的页码一致。